"1+X"职业技能等级证书配套系列教材

发电集控运维
职业技能等级证书培训教材

初　级

博努力（北京）仿真技术有限公司　组编

中国电力出版社
CHINA ELECTRIC POWER PRESS

内容提要

本书为发电集控运维职业技能等级证书（初级）培训配套教材，以职业技能等级标准和发电行业对集控运维巡检岗位人员职业技能要求为依据进行编写，主要阐述热能发电机组集控运维岗位的专业技术和职业技能要求。

本书分为锅炉设备与系统巡检、汽轮机设备与系统巡检、电气设备与厂用电系统巡检三个工作领域，包含三十二个工作任务，每个工作任务又按照任务描述、任务分析、相关知识、完成任务、评价、课后练习六个部分分别进行阐述，全书配备了近百个资源的二维码，帮助读者更好地理解和掌握相关知识。

本书为发电集控运维职业技能等级证书（初级）的培训教材，也可供应用型本科院校、高等职业院校、中等职业学校相关专业的教师和学生参考，还可作为发电机组运行技术人员的参考书。

图书在版编目（CIP）数据

发电集控运维职业技能等级证书培训教材：初级/博努力（北京）仿真技术有限公司组编．—北京：中国电力出版社，2022.9

"1+X"职业技能等级证书配套系列教材

ISBN 978-7-5198-4633-6

Ⅰ.①发… Ⅱ.①博… Ⅲ.①火力发电－发电机组－电力系统运行－职业技能－鉴定－教材 Ⅳ.①TM621.3

中国版本图书馆CIP数据核字（2020）第075853号

出版发行：中国电力出版社
地　　址：北京市东城区北京站西街19号（邮政编码100005）
网　　址：http：//www.cepp.sgcc.com.cn
责任编辑：吴玉贤（010-63412540）
责任校对：王小鹏
装帧设计：赵姗姗
责任印制：吴　迪

印　　刷：三河市万龙印装有限公司
版　　次：2022年9月第一版
印　　次：2022年9月北京第一次印刷
开　　本：787毫米×1092毫米　16开本
印　　张：12.25
字　　数：263千字
定　　价：38.00元

发电集控运维
职业技能等级证书配套系列教材

编 委 会

发电集控运维
职业技能等级证书培训教材（初级）

编　委　会

主　　编　谢　新　王廷举

副 主 编　陈　伟　黄　澍　梁　倩　陈智敏

委　　员（按姓氏笔画排序）

万明元　马　强　王红琰　王玲玲　王峰明　王　磊
王　刚　田　芳　任海娣　闫　伟　许红兵　许　涛
杜雅琴　李仁杰　李文忠　李　冰　李建凯　李鹏飞
李新国　吴　灵　吴盈盈　吴晓娜　宋党伟　张文静
陈孝伟　陈丽梅　林　涛　赵锐芳　段亚飞　姜春晓
郭朝令　黄建荣　黄　锋　曾　娜　谢克明　廖庆庆
穆士云　魏丽蓉

前　言

本书总码

为贯彻落实《国家职业教育改革实施方案》，积极推动“1+X”证书制度的实施，博努力（北京）仿真技术有限公司开发了发电集控运维职业技能等级证书。为配合该证书的培训和考核，编委会以《发电集控运维职业技能等级标准》《发电集控运维职业技能等级培训指导方案》和《发电集控运维职业技能等级考核方案》为依据，编写了《发电集控运维职业技能等级证书培训教材》，分为初级、中级、高级，共三册。

发电集控运维职业技能培训与考核所使用的发电机组为全范围仿真系统，参考对象包括典型的50MW循环流化床母管制机组、350MW超临界循环流化床机组、330MW亚临界燃煤机组以及660MW超超临界燃煤机组。本书以上述机组的仿真系统为基础，并兼顾其他机型的特点，根据发电机组集控运行巡检岗位的基本要求和岗位职责，全面系统地介绍了发电机组中锅炉主辅设备与系统、汽轮机主辅设备与系统、电气设备以及电气主接线与厂用电系统启动前复役操作及正常运行巡检要求和任务。

本书为多媒体数字教材，配置了近百个资源的资源库，资源类型包括音频、视频、动画（二维、三维）等，可直观表现发电机组系统与设备相关知识点和技能点，读者可在相应位置扫描二维码获取。

本书得到了全国电力职业教育教学指导委员会热动专委会、中国电力教育协会的指导和大力支持。本书由武汉电力职业技术学院谢新副教授、博努力（北京）仿真技术有限公司总经理王廷举主编，在编写内容和资源制作过程中，查阅了相关参考资料，有关兄弟院校和企业的技术资料、说明书、图纸等，并得到相关院校的老师和企业同行的热情帮助，在此一并表示衷心的感谢。

限于编者水平，如书中有不妥之处，敬请读者提出宝贵意见，请反馈至博努力（北京）仿真技术有限公司1+X事业部，邮箱：bernouly@126.com。

本书编委会

2022年8月

目 录

工作领域一 锅炉设备与系统巡检

工作任务一 锅炉本体设备巡检

一、 任务描述

锅炉是利用燃料燃烧释放的热能加热给水，获得规定参数（温度、压力）和品质蒸汽的设备，是进行燃料燃烧、热量传递和水汽化的综合装置，是火力发电厂的三大主机之一。

锅炉本体巡检是锅炉运行中的重要内容，包括启动前的检查和运行中的巡检。巡检项目有汽水管道、炉外墙、保温、膨胀指示器、燃烧室及风道等。

二、 任务分析

（一）汽水系统管道的运行检查

（1）所有系统连接完好，设备和管道保温完整、表面清洁。

（2）管道阀门连接良好，阀门开、关灵活，手轮完整，标示牌齐全，并有符合相关法规所规定的漆色及流向标志。

（3）所有的管道、阀门、法兰应无“跑、冒、滴、漏”。

（4）汽包、过热器和再热器安全阀及其附件完整，排汽管连接牢固，疏水通畅。

（5）支吊架良好、无变形、牢固，膨胀指示有足够的余量，吊杆受力符合设计要求，支吊架弹簧受力均匀。

（6）压力、温度、流量的取样测点完整。

（7）电动、气动执行机构良好，连杆无松动弯曲现象，连接销完整、牢固，开度指示与实际相符。

（8）各疏水、表计阀门，以及变送器一、二次阀门严密，就地各测量表计指示正确。

（二）汽包的运行检查（汽包炉）

（1）汽包本体设备保温完好，汽包附近照明充足。

（2）核对汽包就地双色水位计与差压式水位计水位指示偏差不应超过 30mm。

（3）就地检查汽包压力表、温度表指示正确。

（4）汽包双色水位计汽侧和水侧一次门、水侧二次门应在全开位置，汽侧二次门微开，水位计放水门全关，双色水位计显示清晰。

（5）汽包膨胀指示器无异常。

（6）汽包附件无泄漏情况。

（三）炉本体燃烧室及风烟道的检查

（1）炉本体周围清洁，扶梯、通道无杂物，照明齐全。

（2）炉墙外形完整、牢固、无裂缝，各孔门关闭。

（3）水平烟道及尾部烟道外形完整、牢固、无裂缝，烟道防爆门完整、牢固，各孔门关闭。

（4）各部支吊架完整、牢固，无妨碍膨胀的障碍物。

（5）各风门、挡板就地开度与表计指示相符，各执行机构开关灵活，接线良好。

（6）各风压、温度表计接线良好。

（四）承压部件膨胀指示器的检查

（1）指示板牢固焊接在锅炉骨架上或主要梁桩上，指针垂直焊接在膨胀元件上。

（2）指示板刻度正确、清楚，指示板的基准点上涂有红色标记。

（3）指针不能被外物卡住，指针与板面垂直，针尖与板面距离为 3～5mm。

（4）锅炉在冷态时，指针应指在指示板的基准点上。

（五）控制盘台的检查

（1）集控室控制盘、就地控制盘柜等齐全完整，各指示灯指示正确，可以投用。

（2）声光报警装置完好。

（3）各操作盘上的仪表、键盘、操作手柄、按钮等完整、好用。

（4）CRT 显示器清晰，室内有可靠的事故照明。

（5）炉膛火焰及汽包水位电视摄像装置完好，冷却风门开启。

（六）其他检查

（1）楼梯、栏杆、平台、地沟盖板等应完整，通道及设备周围无妨碍工作和通行的杂物，检修安全措施及围栏已拆除，现场卫生清洁。

（2）在设备及其周围通道上，不得堆积垃圾、杂物，地面不得积水、积油；检修中更换下来的物品应全部运出现场；脚手架应全部拆除。

（3）现场消防设备完整、齐全，消防水系统完好，主要辅机、电气设备、燃油系统及煤粉制备系统等易发生火灾的地方应备有足够的消防器材。

（4）厂房内各处的照明良好，事故照明系统正常。

（5）厂房内通信系统正常。

三、 相关知识

资源库 1_锅炉机组

资源库 2_锅炉工作过程

锅炉机组是由本体、辅助设备、烟道、风道和管路等组成的庞大设备和复杂的系统组合。锅炉机组的系统可分为若干个子系统，主要子系统为煤粉制备系统、燃烧系统、汽水系统，其他子系统包括输煤系统、除渣系统、除尘系统、启动系统、疏水系统、排污系统等。

锅炉本体由炉膛、烟道、汽水系统（包括受热面、汽包、联箱和连接管道）、炉墙和构架等部分组成。其工作过程由燃料的燃烧放热过程、燃烧产物（烟气）通过受热面向水、蒸汽等工质传热过程及工质的吸热汽化过程所组成。

按工质在蒸发受热面中流动的主要动力来源不同，一般可将锅炉分为自然循环锅炉、控制循环锅炉和直流锅炉。按燃料在锅炉中的燃烧方式不同，锅炉可分为层燃炉、室燃炉、旋风炉和流化床锅炉等。

如图 1-1-1 所示的直流锅炉，送风机将冷空气送入锅炉尾部的空气预热器，热空气的一部分经送风机进入磨煤机，将煤粉加热和干燥，同时作为输送煤粉的介质。磨煤机排出的气粉混合物经燃烧器进入炉膛燃烧。由空气预热器来的另一部分热空气直接进入燃烧器参与燃烧。

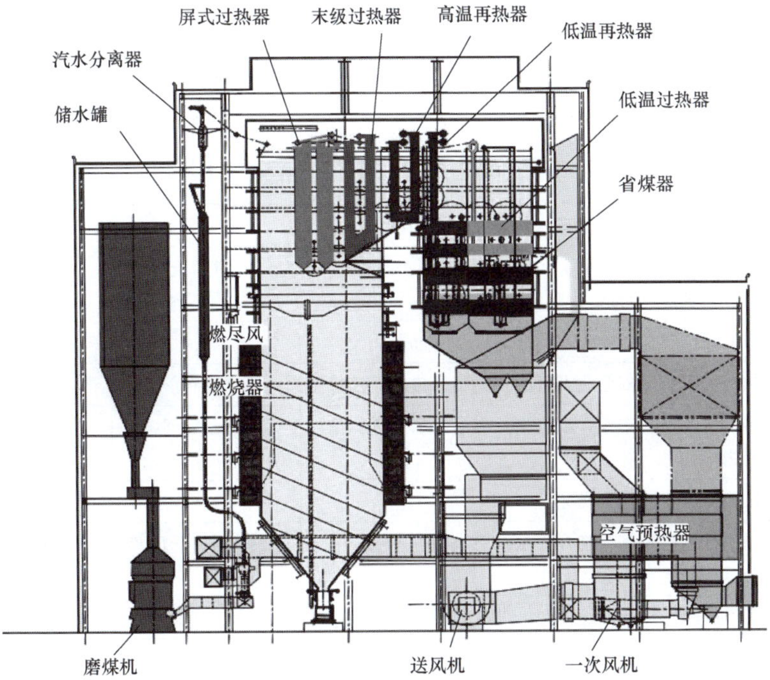

图 1-1-1　直流锅炉总体图

资源库 3_锅炉本体结构

燃料燃烧产生的热烟气将热量传递给炉膛水冷壁和屏式过热器，继而穿过高温过热器、高温再热器进入后竖井包墙。后竖井包墙内的中隔墙将后竖井分成前、后两个平行烟道，前烟道内布置低温再热器和省煤器，后烟道内布置低温过热器和省煤器。省煤器后布置烟气调节挡板，用于调节再热汽温。烟气流经调节挡板后分成两个烟道进入空气预热器，同时考虑脱硝装置的影响，在预热器进口烟道上设有烟气关断挡板，可实现单台空气预热器运行。最后烟气进入除尘器，流向烟囱，排向大气。

自给水管路出来的水由炉侧一端进入位于尾部竖井后烟道下部的省煤器入口联箱，水流经水平布置的省煤器蛇形管后，由省煤器出口联箱端部引出到集中下降管，进入位于锅炉下部前、后墙的集中下降管分配头，再通过下水连接管进入螺旋水冷壁入口联箱，经螺旋水冷壁管、螺旋水冷壁出口联箱、混合联箱、垂直水冷壁（前、侧、后墙）入口联箱、垂直水冷壁管、垂直水冷壁出口联箱后进入水冷壁出口混合联箱，然后经引入管引入汽水分离器进行汽水分离。湿态运行时，从汽水分离器分离出来的水从下部排进储水罐，蒸汽则依次经顶棚管、后竖井/水平烟道包墙、低温过热器、屏式过热器和高温过热器。转直流运行后水冷壁出口工质已全部汽化，汽水分离器仅作为蒸汽通道用。过热器的喷水减温器分别装于低温过热器与屏式过热器之间和屏式过热器与高温过热器之间。

四、完成任务

登录660MW超超临界机组或330MW亚临界机组或350MW超临界循环流化床机组系统平台，严格按规范巡检程序完成锅炉本体设备的巡检工作。锅炉本体检查卡见表1-1-1。

表1-1-1　锅炉本体检查卡

检查任务：锅炉本体检查			编号：
发令人：　　时间：		受令人：　　时间：	
检查开始时间：		检查结束时间：	
系统	序号	巡检标准	检查结果
汽水系统管道	1	所有系统连接完好，设备、管道保温完整、表面清洁	
	2	管道阀门连接良好，阀门开、关灵活，手轮完整，标示牌齐全，并有符合相关法规所规定的漆色及流向标志	
	3	所有的管道、阀门、法兰应无“跑、冒、滴、漏”	
	4	汽包、过热器和再热器安全阀及其附件完整，排汽管连接牢固，疏水通畅	
	5	支吊架良好、无变形、牢固，膨胀指示有足够的余量、吊杆受力符合设计要求、支吊架弹簧受力均匀	
	6	压力、温度、流量、取样测点完整	
	7	电动、气动执行机构良好，连杆无松动弯曲现象，连接销完整、牢固，开度指示与实际相符	
	8	各疏水、表计阀门，以及变送器一、二次阀门严密，就地各测量表计指示正确	
汽包	1	检查汽包本体设备各保温完好，汽包附近照明充足	
	2	核对汽包就地双色水位计与差压式水位计水位指示偏差不超过30mm	
	3	就地检查汽包压力表、温度表指示正确	
	4	检查汽包双色水位计汽、水侧一次门、水侧二次门在全开位，汽侧二次门微开，水位计放水门全关，双色水位计显示清晰	
	5	检查汽包膨胀指示器无异常	
	6	检查汽包附件无泄漏情况	
燃烧室及风烟道	1	炉本体周围清洁，扶梯、通道无杂物，照明齐全	
	2	炉墙外形完整牢固无裂缝，各孔门关闭	
	3	水平烟道及尾部烟道外形完整牢固无裂缝，烟道防爆门完整牢固，各孔门关闭	
	4	各部支吊架完整牢固，无妨碍膨胀的障碍物	
	5	各风门、挡板就地开度与表计指示相符，各执行机构开关灵活，接线良好	
	6	各风压、温度接口良好	
膨胀指示器	1	指示板牢固地焊接在锅炉骨架上或主要梁桩上，指针垂直焊接在膨胀元件上	
	2	指示板刻度正确、清楚，在板的基准点上涂有红色标记	
	3	指针没有被外物卡住，指针与板面垂直，针尖与板面距离3～5mm	
	4	锅炉在冷态时，指针指在指示板的基准点上	

续表

系统	序号	巡检标准	检查结果
控制盘台	1	集控室控制盘、就地控制盘、柜等齐全完整，各指示灯指示正确，可以投用	
	2	声光报警装置完好	
	3	各操作盘上的仪表、键盘、操作手柄、按钮等完整好用	
	4	CRT 显示器清晰，室内有可靠的事故照明	
	5	炉膛火焰及汽包水位电视摄像装置完好，冷却风门开启	
其他检查	1	楼梯、栏杆、平台、地沟盖板等应完整，通道及设备周围无妨碍工作和通行的杂物，检修安全措施及围栏已拆除，现场卫生清洁	
	2	在设备及其周围通道上，没有堆积垃圾、杂物，地面不得积水、积油	
	3	检修中更换下来的物品，已全部运出现场，脚手架已全部拆除	
	4	现场消防设备完整齐全，消防水系统完好，主要辅机、电气设备、燃油系统及煤粉制备系统等易发生火灾的地方，备有足够的消防器材	
	5	厂房内各处的照明良好，事故照明系统正常	
	6	厂房内通信系统正常	

五、评价

根据工作任务的完成情况，对照评价项目和技术标准规范，逐项评价，确定技能水平和改进的要求。锅炉本体检查评价表见表 1-1-2。

表 1-1-2　　锅炉本体检查评价表

内容		评价	
学习目标	评价项目	个人评价	教师评价
知识目标	熟悉锅炉设备的组成		
	了解锅炉设备的原理		
	了解锅炉设备的作用		
技能目标	汽水系统管道的运行检查		
	汽包的运行检查（汽包炉）		
	炉本体燃烧室及风烟道的检查		
	承压部件膨胀指示器的检查		
	控制盘台的检查		
	其他检查		
素质目标	沟通能力		
	团队合作能力		
	突发事件处理能力		
改进要求			

六、课后练习

（1）简述锅炉本体设备巡检程序、规范和要求。

（2）在仿真系统上练习锅炉本体设备的巡检操作。

工作任务二　燃烧器设备及系统巡检

一、 任务描述

不同的锅炉设备其燃料的燃烧方式不相同。电站锅炉是耗用大量燃料的动力设备，其主要燃料是煤粉、油或天然气。对于锅炉运行人员来说，只有了解和掌握燃料特性、燃烧理论、燃烧设备性能特点，熟悉燃烧器设备结构及系统流程，掌握燃烧器设备和系统运行中的巡检项目、标准、要求及方法，才能提高锅炉燃烧效率，节约能源消耗，降低发电成本，保证锅炉安全运行。

二、 任务分析

（1）就地观察各燃烧器喷口出粉及炉膛着火情况。

（2）燃烧器应无积粉、漏粉、烧红现象。

（3）炉膛吹灰器在退出位置，无内漏现象。

（4）检查二次风箱系统无漏风现象，风门挡板就地与 DCS 开度一致。

（5）若发现出粉不均，进行敲打并通知检修。

（6）检查燃烧器喷口及炉内结焦情况，并及时进行清理。

资源库 4_煤粉着火及燃烧过程

三、 相关知识

（一）煤粉气流的着火及其影响因素

煤的燃烧过程大致可分为干燥、热分解、着火、燃烧和燃尽五步。干燥是着火前的准备阶段，在火电厂系统中，制粉系统将煤进行研磨、加热干燥，然后经燃烧器喷入炉膛进行燃烧；当炉膛温度升至约 300℃时，煤进入热分解阶段，释放出焦油和气体，并形成剩余焦炭，这些焦油和气体称为挥发分；当炉膛温度升至约 500℃时，挥发分首先着火，然后焦炭开始着火；在燃烧和燃尽阶段，挥发分、焦炭开始燃烧，直到燃尽。焦炭在燃烧过程中，燃烧速度慢，燃尽时间长，占全部燃烧时间的 90%，挥发分的燃烧速度较快，约占煤全部燃烧时间的 10%，而且挥发分含量高的煤着火温度低一些，因此比较容易着火。

理论分析表明，影响煤粉着火的主要因素包括：煤种（其中的水分、挥发分、灰分等）；换热条件；煤粉气流的初温、初压；一次风量和一次风速；燃烧器结构特性；锅炉运行参数等。

（二）燃烧器

燃烧器是煤粉锅炉的主要燃烧设备，其作用是将燃料与燃烧所需的空气按一定的比例、速度和混合方式经燃烧器喷口送入炉膛，保证燃料在进入炉膛后能与空气充分混合、及时着火、稳定燃烧和燃尽。

煤粉燃烧器按其出口气流特性可分为两大类：一类为直流燃烧器，其出口气流为直流射流或直流射流组的燃烧器；另一类为旋流燃烧器，其出口气流为旋转射流的燃烧器。

1. 直流燃烧器

直流式燃烧器由一组矩形或圆形的喷口组成，喷出的一、二次风都是不旋转的直流射流。直流燃烧器可以布置在炉膛四角、炉膛顶部或炉膛中部的拱形部分，从而形成四角布置切圆燃烧方式、U 形火焰燃烧方式和 W 形火焰燃烧方式，应用最广的是四角布置切圆燃烧方式。直流燃烧器通常由一列矩形喷口组成。煤粉气流和热空气从喷口射出后，形成直流射流进入炉膛。从燃烧器喷口射出的气流以一定的速度进入炉膛，由于气流的紊流扩散，带动周围的热烟气一道向前流动，这种现象称为卷吸。由于卷吸作用，射流不断扩大，不断向四周扩张。同时，主气流的速度由于衰减而不断减小。正是由于射流的这种卷吸作用，将高温烟气的热量源源不断地输送给进入炉内的新煤粉气流，煤粉气流才得到不断加热而升温。当煤粉气流吸收足够的热量并达到着火温度后，便首先从气流的外边缘开始着火，然后火焰迅速向气流深层传播，达到稳定着火状态。

资源库 5_直流燃烧器结构

直流燃烧器按照配风方式不同，分为均等配风直流煤粉燃烧器和分级配风直流煤粉燃烧器。

2. 旋流燃烧器

旋流燃烧器的一、二次风喷口为圆形喷口，这种燃烧器的二次风是旋转射流，一次风射流可为直流射流或旋流射流。气流在离开燃烧器之前，在圆形喷管中做旋转运动，当旋转气流离开喷口失去管壁控制时，气流将沿螺旋线的切线方向运动，形成辐射状的空心锥气流。

资源库 6_旋流燃烧器结构

旋流射流有如下特性：旋转射流的扩散角比较大，扰动强烈，而且在气流中心距离喷口不远处轴向速度出现负值，说明气流中心出现烟气回流区。显然，这有助于煤粉气流的着火。切向速度和轴向速度都衰减得较快，致使气流速度旋转的强度很快减弱，气流射程较短。这是因为气流大量卷吸周围的烟气和消耗动能的缘故。

四、 完成任务

登录 660MW 超超临界机组或 330MW 亚临界机组平台，严格按规范巡检程序完成锅炉燃烧器设备的巡检工作。锅炉燃烧器设备的检查卡见表 1-2-1。

表 1-2-1　锅炉燃烧器设备的检查卡

检查任务：锅炉燃烧器设备检查		编号：
发令人：　时间：	受令人：　时间：	
检查开始时间：	检查结束时间：	
序号	巡检标准	检查结果
1	就地观察各燃烧器喷口出粉及炉膛着火情况	
2	燃烧器应无积粉、漏粉、烧红现象	
3	炉膛吹灰器在退出位置，无内漏现象	
4	检查二次风箱系统无漏风现象，风门挡板就地与 DCS 开度一致	
5	若发现出粉不均，进行敲打并通知检修	
6	检查燃烧器喷口及炉内结焦情况，并及时进行清理	

五、评价

根据工作任务的完成情况，对照评价项目和技术标准规范，逐项评价，确定技能水平和改进的要求。燃烧器系统设备巡检评价表见表1-2-2。

表1-2-2　　燃烧器系统设备巡检评价表

内容		评价	
学习目标	评价项目	个人评价	教师评价
知识目标	了解锅炉燃煤的特性		
	了解有关的燃烧基本理论和燃烧设备的性能特点		
	熟悉燃烧器设备结构及系统流程		
技能目标	掌握燃烧器设备和系统正常运行中的巡检项目、标准、要求及方法		
	能正确进行设备及系统启动前的全面检查和就地启动条件的确认及操作		
素质目标	沟通能力		
	团队合作能力		
	突发事件处理能力		
改进要求			

六、课后练习

（1）简述锅炉燃烧器设备巡检的程序、规范和要求。

（2）分别叙述直流、旋流燃烧器的结构。

（3）在仿真系统上练习燃烧器设备的巡检操作。

工作任务三　风烟系统巡检

风烟系统是锅炉重要的辅助系统，其作用是连续不断地给锅炉燃料燃烧提供所需的空气量，并按燃烧的要求分配风量送到与燃烧相连接的地点，同时使燃烧生成的含尘烟气流经各受热面和烟气净化装置后，最终由烟囱及时排至大气。

风烟系统巡检包括各个辅机设备的启动、日常检查，以及风烟系统管道的检查。

一、任务描述

风烟系统巡检工作包括空气预热器、引风机、送风机、一次风机启动前的检查和正常运行中的巡检。监视重点风机的压力、风量、轴承温度、冷却水温度、振动和转速。每班按规定进行巡检，并记录设备运行参数。

二、任务分析

（一）空气预热器启动前的检查

（1）空气预热器本体、驱动减速机构、空气预热器吹灰和清洗及消防水系统、空气预热器火灾报警装置、上轴承和下轴承及润滑系统应无检修工作或检修工作已经结束。

（2）检查空气预热器本体有无人工作，本体内部、各烟风道内杂物清理干净，各检查门、人孔门关闭应严密。

（3）检查空气预热器本体保温应恢复良好，空气预热器各层平台围栏完整，空气预热器周围杂物清理干净，照明充足。

（4）检查空气预热器驱动装置外观应完整，驱动电机和变速箱地脚螺栓连接牢固，各驱动电机和减速机间联轴器防护罩连接牢固，主辅电机减速机及主减速箱油位正常，油尺油迹在1/3～2/3之间。

（5）检查空气预热器导向轴承、支持轴承润滑油站系统管路应完好，油泵电机接线完整，冷却水投入，油位正常，油质良好，油站就地控制盘上开关和信号指示灯完整无损坏，油泵“远方/就地”开关在就地位。

（6）检查空气预热器扇形板间隙调节装置应正常，扇形板在最高位。

（7）转速测量装置应正常。

（8）检查空气预热器主驱动电机和辅助驱动电机接线应完整，接线盒安装牢固，电机外壳接地线完整并接地良好。

（9）检查空气预热器各清洗和消防阀关闭应严密无内漏，外部管道、阀门不漏水。

（10）检查空气预热器火灾报警装置正常。

（11）火灾报警装置送电完毕，控制盘各指示灯显示正常并无报警。

（12）检查空气预热器吹灰器应完整无损坏。

（13）检查空气预热器各烟风道压力、温度测量探头安装正常，DCS信号指示正确，就地表计指示正确，空气预热器导向轴承和推力轴承箱油位计指示清晰。

（14）空气预热器主、辅变频柜送电正常，电机转向正确，主、辅电机连锁试验正常。

（15）检查空气预热器所有测点及仪表投入正常，DCS显示正常。

（16）确认空气预热器各项连锁保护试验正常。

（二）空气预热器正常运行中的巡检

（1）轴承油系统无漏油，冷却水畅通，轴承箱油位在1/3～2/3范围内，若发现轴承箱油位不正常降低或升高，应立即查找原因并进行处理。

（2）检查轴承箱油质应透明，无乳化和杂质，油面镜上无水汽和水珠。

（3）检查空气预热器主、辅电机减速机及主减速箱油位在1/3～2/3之间，空气预热器主驱动电机运行时辅助驱动电机同向转动。

（4）检查减速机振动应正常，无异常声音，各部件和轴端不漏油。

（5）检查空气预热器应运行平稳，无刮卡、碰磨现象，观察空气预热器电流正常并且无抖动。

（6）检查空气预热器各人孔、检查孔关闭应严密，不向外漏风、冒灰，也不向内抽空气。

（7）检查空气预热器火灾报警装置应无损坏，控制盘无报警。

（8）监视空气预热器应无停转报警和火灾报警，排烟温度无异常，空气预热器入口烟温和出口风温差无异常降低。

（9）检查空气预热器运行中电机外壳温度不应超过80℃，空气预热器电机及相应的电缆无过热现象，现场无绝缘烧焦气味，发现异常应立即查找根源并进行处理。

（10）检查空气预热器支持轴承和导向轴承温度应不高于70℃；支持轴承和导向轴承润滑油温度不高于55℃；当支持轴承和导向轴承润滑油温度高于55℃时，轴承润滑油泵自动启动，低于45℃时，轴承润滑油泵自动停止；润滑油泵运行时，油泵供油压力为0.25MPa，油站滤网前后压差小于0.1MPa。

（11）空气预热器运行时，监视空气预热器一次风侧压差、二次风侧压差、烟气侧压差应在正常范围内；发现压差异常升高或送风机、引风机出力和对应机组负荷不匹配时，应对空气预热器进行全面检查，增加吹灰次数或提高空气预热器冷端温度。

（12）空气预热器压差较高时，应注意各风机运行情况，避免因管道阻力增大引起运行风机工作点变化，引起风机失速、喘振，造成燃烧不稳及设备损坏。

（13）锅炉投入油枪运行时，应投入空气预热器吹灰，运行方式为连续吹灰。

（三）引风机启动前的检查

（1）检查引风机本体、引风机电机、引风机轴承冷却风机、引风机动叶调节油系统，以及与引风机相连接的烟道、空气预热器、除尘器和炉膛内部应无检修工作或检修工作已全部结束。

（2）检查炉膛、烟道、空气预热器、除尘器内应无人工作，烟风道内杂物已清理干净，检查各检查门、人孔门关闭应严密。

（3）检查引风机电机电流、定子铁芯及绕组温度、引风机及电机轴承温度、引风机及电机轴承振动、引风机入口动叶开度等指示应正常，引风机出口风压、炉膛负压等表计投入。

（4）就地轴承温度、振动指示表计已送电，数值显示正确。

（5）确认风烟系统各风门挡板正常，操作灵活，限位开关动作良好，指示正确，风门挡板和动叶关闭。

（6）检查引风机电机接线应完整，接线盒安装牢固，电机和电缆的接地线完整并接地良好，电机冷却风道畅通，无杂物堵塞。

（7）检查引风机轴承冷却风机电机接线应完整，电机接地线接地良好，冷却风机入口滤网无杂物，冷却风机固定支架和地脚螺栓安装牢固，联轴器防护罩恢复。

（8）检查引风机润滑油系统以及引风机动叶调节油系统应正常，具备投运条件。

（9）检查引风机及电机地脚螺栓无松动，防护罩连接牢固。

（10）检查引风机及电机平台、围栏完整，周围杂物清理干净，照明充足。

（11）检查正常后，引风机润滑油泵、轴承冷却风机送电投运，检查各参数均在正常范围内。

（12）引风机测绝缘送电正常。

（四）引风机正常运行中的巡检

（1）风机运行中轴承温度应为60～70℃。当发现轴承温度超过正常温度，经检查调整仍未消除异常时，应及时停止风机运行进行检查处理；当风机轴承温度超过90℃时，应手动停止风机运行。

（2）引风机运行中轴承无异声，振速不大于 4.6mm/s。

（3）引风机运行中无异声，内部无碰磨、刮卡现象。

（4）汽动引风机小汽轮机（简称引风机小机）减速箱温度正常，无异声。

（5）引风机轴承冷却风机运行中无异声，内部无碰磨，冷却风管道不漏风，冷却风机运行中无振动，电机外壳温度不超过 80℃。

（6）电动引风机运行时入口静叶调节挡板就地开度和 DCS 开度指示一致，电机铁芯、绕组温度正常，电机不过载。

（五）送风机启动前的检查

（1）检查送风机油站、送风机轴承、送风机动叶调节装置应无检修工作或检修工作已结束。

（2）检查油系统管道连接应完整，油系统设备外观无缺陷。

（3）检查油站系统各热工测点应全部恢复完毕，各压力表和压力开关的阀门开启；就地表计指示正确，油站油箱和轴承箱油位计指示清晰，轴承箱油位计通气管内无存油。

（4）核对油系统压力、温度、油位、润滑油流量和送风机及电机轴承温度、振动信号指示正确。

（5）检查油站油泵及电机地脚螺栓连接牢固，联轴器连接完好，防护罩恢复。

（6）检查油泵电机接地线应完整，电加热电缆接地线完整。

（7）检查油站就地控制盘上开关和信号指示灯应完好，油泵启停开关在停止位，送风机电加热“自动/手动”开关在手动位置，油泵连锁开关投入。

（8）送风机油泵及电加热器送电，启动送风机油系统。

（9）检查送风机油站系统运行应正常，油箱油位在 1/3～2/3 之间，通过油面镜观察油质透明，无乳化和杂质，油面镜上无水汽和水珠，检查送风机动叶调整油压大于 2.5MPa，滤网前后压差小于 0.35MPa，动叶液压缸漏油检查窗有微漏油或无漏油，回油检查窗在动叶不操作的情况下无漏油。

（10）检查冷却水各阀门位置应正确，水压、水温正常，系统无漏水现象。

（11）检查送风机本体、送风机电机和送风机相连接的炉膛、空气预热器、除尘器及烟道内部应无检修工作或检修工作结束。

（12）检查炉膛、烟道、空气预热器、除尘器内应无人工作，送风机入口滤网、烟道内杂物清理干净，确认各检查门、人孔门关闭严密。

（13）检查送风机电机电流、定子绕组温度、送风机及电机轴承温度和振动、送风机动叶开度指示、送风机出口风压、炉膛负压等表计投入并显示正常。

（14）送风机动叶经全行程活动良好，烟风系统各风门挡板传动试验正常。

（15）检查送风机电机接线应完整，接线盒安装牢固，电机和电缆的接地线完整并接地良好，电机冷却风道畅通，无杂物堵塞。

（16）检查送风机及电机地脚螺栓应无松动，防护罩连接牢固。

（17）检查送风机及电机平台、围栏应完整，周围整洁、无杂物，照明充足。

（18）事故按钮应良好。

（19）转子应无反转，手动盘车无卡涩、摩擦。

（20）送风机测绝缘合格。

（六）送风机正常运行中的巡检

（1）送风机油站油箱油位应保持在 1/3～2/3 范围内，各轴承回油畅通，发现油位不正常降低或升高时，应立即查找原因进行处理。

（2）通过油箱油面镜观察油箱内油质，应透明，无乳化和杂质，油面镜上无水汽和水珠。

（3）监视调节油温度应正常，当油箱油温大于 35℃时，电加热器自动退出。

（4）动叶调节油压为 2.5～3.5MPa，油站滤网前后压差低于 0.35MPa。

（5）送风机油系统应无渗漏，油站冷油器冷却水管道无泄漏，冷却水畅通，冷却水压力为 0.3～0.6MPa，水温不大于 35℃。

（6）送风机正常运行工况点在失速最低线以下，动叶开度为－30°～＋18°（对应开度反馈指示 0～100％），远方和就地开度指示相同，两台风机电流偏差不大，出口风压一致，确保风机运行中系统无喘振，送风机电机不过载。

（7）送风机及电机轴承温度正常应为 50～70℃。当发现轴承温度超过正常温度，经油系统检查和调整未发现异常时，应及早停止风机进行检查处理；当电机轴承温度超过 95℃，风机轴承温度超过 95℃且保护未动作时，应手动停止送风机运行。

（8）送风机及电机运行中轴承无异声，送风机振速应在 4.7mm/s 以下。当振动超过 7.1mm/s 时，应立即停止风机运行。

（9）送风机电机绕组温度应正常，送风机电机及电缆无过热冒烟、着火现象，现场无绝缘烧焦气味。若发现异常应立即查找原因并进行处理。

（10）送风机及电机运行中应无异声，内部无碰磨、刮卡现象。

（11）各部应无漏水、漏油现象。

（七）一次风机启动前的检查

（1）检查一次风机油站、电机润滑油站、一次风机轴承、风机动叶调节装置应无检修工作票或检修工作已结束。

（2）检查油系统管道连接应完整，油系统设备外观无缺陷，按阀门检查卡检查各阀门位置正确。

（3）检查油站系统各热工测点应全部恢复完毕，各压力表和压力开关的阀门开启，就地表计指示正确，油站油箱和轴承箱油位计指示清晰。

（4）核对油系统压力、温度、油位、润滑油流量和一次风机本体、一次风机电机轴承温度、振动信号指示应正确。

（5）检查油箱油位应在 1/3～2/3 范围内，通过油位计处观察油质透明，无乳化和杂质，油面镜上无水汽和水珠，检查一次风机轴承润滑油供油走冷油器。

（6）检查油站油泵及电机地脚螺栓连接应牢固，联轴器连接完毕，防护罩完整牢固。

（7）检查各油泵电机接地线应完整。

（8）检查油站就地控制盘上开关和信号指示灯应完整无损坏，油泵启停开关在停止位，电加热“自动/手动”开关在手动位置，油泵连锁开关在退出位。

(9) 检查完毕无异常，油泵和电加热器送电。

(10) 各油泵和电加热送电应完毕，检查油泵和电加热就地状态指示灯绿灯亮，红灯不亮。

(11) 电加热装置“自动/手动”开关应在自动位置。当油箱油温低于15℃时，手动投入电加热装置；油温高于23℃时，电加热装置自动停止运行。

(12) 启动一台油泵运行并投入备用泵连锁。

(13) 检查运行油泵和电机振动应正常，电机和泵无异声，泵轴端不渗油，检查备用油泵不反转。

(14) 检查油站系统应无渗漏，动叶调节液压油压力为2.5～3.5MPa，轴承润滑油压为0.35MPa左右，轴承润滑油流量大于3L/min。

(15) 将一次风机动叶在调节范围全行程活动一次，就地检查动叶动作灵活无卡涩，DCS和就地动叶开度一致。

(16) 开启润滑油冷油器供、回水门，检查冷却水流量正常，润滑油供油温度维持为15～23℃。

(17) 检查一次风机本体和电机以及与一次风机相连接的炉膛、空气预热器、电除尘和烟风道内部等相关系统应无检修工作票或检修工作已结束。

(18) 检查炉膛、烟道、空气预热器、除尘器内应无人工作，一次风机进口滤网、烟风道内杂物清理干净，检查各检查门、人孔门关闭严密。

(19) 检查一次风机电机电流、绕组温度、一次风机及电机轴承温度、一次风机及电机轴承振动、一次风机动叶开度指示、一次风机出口风压、炉膛负压表投入，操作员站显示应正常。

(20) 检查一次风机油站系统运行应正常，一次风机动叶经全行程活动良好，风烟系统各风门挡板经传动正常。

(21) 检查一次风机及电机平台、围栏应完整，周围杂物清理干净，照明充足。

(22) 检查一次风机电机接线应完整，接线盒安装牢固，电机和电缆的接地线完整并接地良好，电机冷却风道畅通，无杂物堵塞。

(23) 检查一次风机电机轴承箱油位应在1/3～2/3之间，通过油面镜观察油质应透明，无乳化和杂质，油面镜上无水汽和水珠，检查一次风机动叶调节油压2.5～3.5MPa，风机轴承和电机轴承润滑油压均在0.35MPa左右，滤网前后压差正常，润滑油回油流量充足，动叶液压缸漏油检查窗无漏油，回油检查窗在动叶不操作的情况下无漏油。

(24) 检查一次风机及电机地脚螺栓应无松动，防护罩安装牢固。

(八) 一次风机正常运行中的巡检

(1) 一次风机油站油箱油位应保持在1/3～2/3范围内。发现油位不正常降低或升高时，应立即查找原因进行处理。

(2) 通过油箱油面镜观察油箱内油质良好。

(3) 监视一次风机油站油温正常。

(4) 动叶调节油压正常调整为2.5～3.5MPa，轴承润滑油压为0.35～0.8MPa，轴承润滑油供油温度调整为30～40℃，风机轴承润滑油流量不小于10L/min，电机轴承润滑油流量不小于8L/min。

（5）一次风机油系统应无渗漏，油站冷油器冷却水管道无泄漏，冷却水畅通。

（6）一次风机电机驱动端、非驱动端轴承油位应保持在1/3～2/3范围内，轴承中心结合面无渗油。

（7）一次风机正常运行工况点应在失速最低线以下，动叶开度在－30°～＋15°（对应开度反馈指示0～100%）范围，DCS和就地开度指示一致，以确保风机运行中系统无喘振，一次风机电机不过载。

（8）正常运行中，调整一次风母管压力为9～12kPa。

（9）一次风机及电机轴承温度正常应在70℃以下，当发现轴承温度超过正常温度，经油系统检查和调整未发现异常时，应及时停止风机进行检查处理；当电机轴承温度超过90℃，风机轴承温度超过95℃保护未动作时，应手动停止一次风机运行。

（10）一次风机及电机运行中轴承振动值应在4.6mm/s以下。当振动值超过7.1mm/s时，保护应动作，否则应手动停止一次风机运行。

（11）一次风机及电机运行中应无异声，内部无碰磨、刮卡现象。

（12）一次风机电机绕组温度不应超过110℃，一次风机电机及相应的电缆应无过热、冒烟，着火现象，现场无绝缘烧焦气味。发现异常应立即查找原因并进行处理。

（13）齿轮油泵轴密封圈要经常检查，如有泄漏现象或损坏时，应立即更换。

（14）必须根据水质情况，每5～10个月进行一次冷油器内部检查与清洗。

三、相关知识

资源库7_660MW机组风烟系统工作流程

以660MW超超临界参数机组仿真系统为例，风烟系统按平衡通风方式设计，分为一次风、二次风和烟气三部分。空气预热器采用容克式三分仓空气预热器，每台炉设两台50%容量的静叶可调轴流式汽动引风机和一台30%容量的电动引风机，两台50%容量的动叶可调轴流式送风机，两台50%容量的动叶可调轴流式一次风机。汽动引风机采用小汽轮机驱动，负荷在50%THA（机组热耗保证工况）以下转速定速，利用入口导叶调节；当负荷超过50%THA时，调节入口导叶开度大于80%（利用转速进行调节）。两台炉合用一座高240m的单管套筒式烟囱，烟气经过脱硫、脱硝后达标排放。

资源库8_三分仓回转式/空气预热器

（一）空气预热器

空气预热器是利用烟气余热加热燃烧所需空气的热交换设备，其主要作用如下：

（1）降低排烟温度，提高锅炉效率。

（2）改善燃料着火条件和燃烧过程。

（3）提高炉膛燃烧温度，强化炉膛的辐射传热，减少空气的吸热量。

（4）热空气可作为煤粉制备系统的干燥剂和输粉介质。

以660MW超超临界参数机组仿真系统为例，每台炉配备两台回转式三分仓空气预热器，受热面自上而下分为三层（热段、中间段和冷段），空气预热器的冷端蓄热元件考虑脱硝的影响，选用静电喷涂搪瓷工艺。烟气和空气以逆流方式换热。空气预热器采用中心轴驱动，配两台电机，一台运行，一台备用（一运一备），电机采用变频驱动。导向轴承和支持轴承均配有润滑油系统和冷却水系统，润滑油泵一运一备。为保证空气预热器安全运行，还配有火灾监测消防及清洗系统、吹灰装置、转子失速报警系统和轴承温度监测装置。

（二）叶片式泵与风机

工作叶轮旋转时叶轮上的叶片将能量连续地传给流体，从而将流体输送到高压、高位处或远处的泵与风机。按叶片对流体做功的原理不同，又可分为离心式、轴流式和混流式三种。

资源库 9_离心式泵与风机工作原理

1. 离心式泵与风机的工作原理

离心式泵与风机的主要工作部件是叶轮。当原动机带动叶轮旋转时，叶轮中的叶片迫使流体旋转，即叶片对流体沿它的运动方向做功，从而使流体的压力势能和动能增加。同时，流体在惯性力的作用下，从中心向叶轮边缘流去并以很高的速度流出叶轮，进入压出室（导叶或蜗壳），再经扩散管排出，这个过程称为压水（气）过程。由于叶轮中心的流体流向边缘，在叶轮中心形成低压区，当它具有足够的真空时，在吸入端压强的作用下，流体经吸入室进入叶轮，这个过程称为吸水（气）过程。由于叶轮连续地旋转，流体也就连续地排出、吸入，形成离心式泵与风机的连续工作。

当离心泵的进口压力小于环境温度下的液体的饱和蒸汽压力时，液体中有大量蒸汽逸出，并与气体混合形成许多小气泡。当气体到达高压区时，蒸汽凝结、气泡破裂，气泡的消失导致产生局部真空，液体质点快速冲向气泡中心，质点相互碰撞，产生很高的局部压力。如果气泡在金属表面如叶片上破裂凝结，则会以较大的力打击叶片金属表面，使其遭到破坏，并产生振动，这种现象称为汽蚀。

2. 轴流式泵与风机的工作原理

流体沿轴向流入叶片通道，当叶轮在原动机驱动下旋转时，旋转着的叶片给绕流流体一个轴向的推力，使流体的能量增加并沿轴向排出。叶轮连续旋转即形成轴流式泵与风机的连续工作。

资源库 10_轴流式风机

以 660MW 超超临界机组仿真系统为例。

（1）引风机。系统配置两台汽动引风机和一台电动引风机，小汽轮机驱动两台 50%引风机，30%电动引风机布置在两台汽动引风机之间，电动引风机供启动和事故情况下使用。引风机采用背压式调速汽轮机驱动。每台引风机配置一台小汽轮机、一台轴封加热器、一套润滑油系统及调速保安系统和一台减速箱。引风机小汽轮机汽源采用冷再热蒸汽，正常排汽通过三台并联的加热器，对凝结水加热后进入引风机小汽轮机疏水箱，事故排汽通过 PCV 阀排至大气。机组正常运行时，引风机小汽轮机工作汽源为本机冷再热蒸汽，启动调试汽源为辅助蒸汽母管汽源，引风机小汽轮机盘车采用带有变频装置的电动盘车和手动盘车两种方式。

（2）送风机。每台炉配置两台动叶可调轴流式送风机，室外露天布置，两台送风机并联运行，每台送风机配备一套整体封闭式油站供风机润滑及动叶调节用油。

（3）一次风机。每台锅炉安装两台两级动叶可调轴流式一次风机，两台一次风机并联运行。采用热风再循环系统。一次风机轴承采用油站润滑方式，设有一套油站，提供调节和润滑用油。

资源库 11_混流式泵

3. 混流式泵与风机的工作原理

与离心式泵与风机相比，混流式泵与风机流量较大、压头较低。但与轴流式泵与风机相比，混流式泵与风机流量较小、压头较高。总之，从性能上看，它是介于离心式和轴流式之间的一种泵与风机，其叶轮形状和工作原理也具有两者的特点。

四、 完成任务

登录 660MW 超超临界机组或 330MW 亚临界机组或 350MW 超临界循环流化床机组系统平台，严格按规范巡检程序完成风烟系统设备的巡检工作。锅炉风烟系统设备（以 660MW 超超临界机组仿真系统为例）检查卡见表 1－3－1。

表 1－3－1　　锅炉风烟系统设备检查卡

检查任务：锅炉风烟系统设备检查			编号：
发令人：　　时间：		受令人：　　时间：	
检查开始时间：		检查结束时间：	
设备	序号	巡　检　标　准	检查结果
空气预热器	1	轴承油系统无漏油，冷却水畅通，轴承箱油位在 1/3～2/3 范围内	
	2	轴承箱油质应透明，无乳化和杂质	
	3	主辅电机减速机及主减速箱油位在 1/3～2/3 之间	
	4	减速机无振动，无异常声音，各部件和轴端不漏油	
	5	空气预热器运行平稳，无刮卡、碰磨现象；观察空气预热器电流正常并且无抖动	
	6	空气预热器各人孔、检查孔关闭严密，不向外漏风、冒灰和向内抽空气	
	7	空气预热器火灾报警装置无损坏，控制盘无报警	
	8	空气预热器无停转报警和火灾报警，排烟温度无异常，空气预热器入口烟温和出口风温差无异常降低	
	9	检查空气预热器运行中电机外壳温度不超过 80℃，空气预热器电机及相应的电缆无过热现象，现场无绝缘烧焦气味	
	10	空气预热器支持轴承和导向轴承温度不高于 70℃。支持轴承和导向轴承润滑油温度不高于 55℃	
	11	油泵供油压力 0.25MPa，油站滤网前后压差小于 0.1MPa	
	12	当支持轴承和导向轴承润滑油温度高于 55℃时轴承润滑油泵自动启动，低于 45℃时轴承润滑油泵自动停止	
	13	空气预热器运行时，监视预热器一次风侧压差、二次风侧压差、烟气侧压差在正常范围内	
	14	送风机及电机运行中无异声，内部无碰磨、刮卡现象	

续表

设备	序号	巡　检　标　准	检查结果
引风机	1	轴承温度 60～70℃，当风机轴承温度超过 90℃时，应手动停止风机运行	
	2	引风机运行中轴承无异声，振速不大于 4.6mm/s	
	3	引风机运行中无异声，内部无碰磨、刮卡现象	
	4	引风机小汽轮机减速箱温度正常，无异声	
	5	引风机轴承冷却风机运行中无异声，内部无碰磨，冷却风管道不漏风，冷却风机运行中无振动，电机外壳温度不超过 80℃	
	6	电动引风机运行时入口静叶调节挡板开度为＋30°～－75°（对应开度反馈指示 0～100%），DCS 和就地开度指示一致	
	7	电机铁芯、绕组温度正常，电机不过载	
送风机	1	润滑油压正常，电机无异声，系统无泄漏情况，滤网压差正常	
	2	液压油泵油压正常，电机无异声，系统无泄漏情况，滤网压差正常	
	3	动叶就地开度与 DCS 一致	
	4	润滑油油箱油位在 1/3～2/3 范围内	
	5	电机轴承温度＜70℃，冷却风扇吸入口无杂物，电机无异声，事故按钮保护罩完好	
	6	电机绕组温度正常，电机及电缆无过热冒烟、着火现象，现场无绝缘烧焦气味	
	7	出口挡板在全开位置，就地指示正确，执行机构连杆无脱落现象	
	8	油站冷油器冷却水管道无泄漏，冷却水畅通，冷却水压力、温度正常	
	9	送风机及电机运行中无异声，内部无摩擦、刮卡现象	

五、评价

根据工作任务的完成情况，对照评价项目和技术标准规范，逐项评价，确定技能水平和改进的要求。风烟系统巡检评价表见表 1－3－2。

表 1－3－2　风烟系统巡检评价表

内　容		评　价	
学习目标	评　价　项　目	个人评价	教师评价
知识目标	掌握风烟系统流程及设备结构		
	能正确进行设备及系统启动前的全面检查和就地启动条件的确认及操作		
	掌握风烟系统及设备正常运行中的巡检项目、标准、要求及方法		
	能正确进行有关设备及其冷却、润滑装置的正常检查与操作		
技能目标	空气预热器启动前与运行中的巡检		
	引风机启动前与运行中的巡检		
	送风机启动前与运行中的巡检		
	一次风机启动前与运行中的巡检		

续表

内容		评价	
学习目标	评价项目	个人评价	教师评价
素质目标	沟通能力		
	团队合作能力		
	突发事件处理能力		
改进要求			

六、课后练习

（1）简述风烟系统主要设备的工作原理。

（2）简述锅炉风烟系统巡检的程序、规范和要求。

（3）在仿真系统上练习风烟系统及设备的巡检操作。

工作任务四　煤粉制备系统巡检

一、任务描述

煤粉制备系统的基本任务是将原煤块磨制成合格的煤粉（包括颗粒尺寸和煤粉水分），并与煤粉燃烧器相配合，实现干燥风量、磨煤风量与一次风量之间的匹配和协调。因此，煤粉制备系统的安全运行直接关系到锅炉运行的经济性和安全性，煤粉制备系统的巡检工作是日常巡检工作中的重要内容。

煤粉制备系统巡检设备包括磨煤机、给煤机、密封风机等投运前的检查和正常运行中的巡检，重点对轴承温度、冷却水温度、磨煤机压差、磨煤机出入口温度等进行监视，每班按规定进行巡检，并记录设备运行参数。

二、任务分析

（一）密封风机启动前检查

（1）检查密封风机以及相连接的风道内部应无检修工作或检修工作结束。

（2）检查密封风机及电机地脚螺栓应无松动，防护罩安装牢固。

（3）检查密封风机电机接线应完好，电机外壳接地线接地良好，电机冷却风道畅通，无杂物堵塞，电机绝缘良好。

（4）密封风系统各风门挡板在DCS操作应正常，动力电源已送电。

（5）检查密封风机及电机平台应完好，周围整洁无杂物，照明充足。

（6）检查各仪表的一、二次阀应开启。

（7）确认密封风机与煤粉制备系统的连锁保护试验合格。

（8）密封风机送电完成。

（9）确认已有一台一次风机投入运行。

（二）磨煤机启动前检查

（1）确认检修工作已全部结束，所有工作票均已终结，现场整洁、保温完整，照明充足。

（2）检查磨煤机润滑油站确认运行正常，检查各风门挡板开关应正常，挡板位置正确，指示与实际相符。磨煤机出口挡板、出口挡板密封风门、消防蒸汽门、磨煤机密封风挡板、磨煤机热风和冷风快速关断插板、磨煤机热风和冷风调节挡板传动良好，磨煤机煤粉细度挡板在正确位置。

（3）各检查门、人孔门关闭应严密，无杂物，蒸汽灭火系统正常。

（4）各油位计清晰，轴承油位、油箱油位正常，油质良好，润滑油泵完好。

（5）各温度、压力等热工仪表齐全，投入、指示正确，有关辅机电源送上。检查磨煤机电机电流、定子铁芯及线圈温度、磨煤机及电机轴承温度、磨煤机及电机轴承振动、磨煤机入口阀门开度指示、磨煤机出口风压、炉膛负压表投入。

（6）冷却水已投入运行，水压正常。

（7）磨煤机地脚螺栓应无松动、电机接线良好、联轴器防护罩完好。

（8）分离器折向挡板应固定在正确的位置。

（9）检查磨煤机动态分离器应具备投运条件。

（10）控制气源投入，开启磨煤机出口挡板及冷风隔绝门。

（11）检查润滑油压、油温应正常，油箱油位正常，润滑油系统各部无漏油。润滑油就地控制箱控制开关在“远方”位置。

（12）无磨煤机跳闸条件。

（13）磨煤机消防蒸汽系统备用。

（14）磨煤机出口挡板、密封风气动挡板压缩空气气源送上，磨煤机本体密封风电动挡板送电。

（15）磨煤机石子煤斗应清理干净，石子煤斗进口气动挡板开启，出口气动挡板关闭。

（三）给煤机启动前的检查

（1）原煤仓有足够的存煤。检查确定给煤机检修门关闭，给煤机本体观察窗清洁，给煤机内部照明灯无损坏。

（2）给煤机入口插板开启，出口电动插板电源送上并开启。

（3）给煤机电源送上，点动正常。

（4）给煤机皮带上已有煤且无杂物，皮带无偏斜、无损坏。

（5）给煤机密封风蝶阀开启。

（6）给煤机清扫刮板应完整可用，清扫电动机油位正常。

（7）就地控制箱方式选择开关在“远方”位置。

（四）动态分离器启动前检查

（1）所有的工作票应终结，电机绝缘合格，送电完成。检查磨煤机、动态分离器本体应无人工作，内部杂物清理干净。

（2）分离器平台围栏应完整，周围杂物清理干净，照明充足。

（3）分离器驱动装置外观应完整，驱动电机和变速箱螺栓连接牢固，各驱动电机和减速机间联轴器防护罩连接牢固，减速箱油位正常（油位在油窗的1/3～2/3之间）、油质合格（油质透明、无杂质）。

（五）煤粉制备系统正常运行中的巡检

（1）定期检查磨煤机的振动应在允许范围内，并做好记录。

（2）正常运行中，保证磨煤机润滑油压大于 0.15MPa，油温小于 60℃。

（3）润滑油箱油位应为 1/2～2/3。

（4）检查磨煤机轴承温度不应超过 75℃。

（5）磨煤机本体及管道应无漏粉、漏油现象。

（6）磨煤机的磨辊运行中应无异声，弹簧加载压力正常，无较大的偏差。

（7）磨煤机出口温度应控制为 65～93℃。

（8）保持密封风与一次风压差大于 2kPa。

（9）磨煤机石子煤箱入口插板应正常开启，出口插板关闭严密。

（10）给煤机内煤层正常，转速与煤量应相符，皮带无偏斜、损坏、打滑现象，皮带张力正常。

（11）给煤机清扫刮板运行正常，给煤机底部无积煤。

（12）根据磨煤机下煤情况及时启停磨煤机旋转清堵机。

三、 相关知识

煤粉制备系统是锅炉设备的一个重要系统，其基本任务是将原煤干燥、碾磨，使之成为具有一定细度和水分要求的煤粉，并通过输送装置送入炉膛以满足锅炉燃烧的需要。煤粉制备系统可分为直吹式系统和中间储仓式系统两种。直吹式系统是指燃煤经过磨煤机磨成煤粉后直接吹入炉膛燃烧；中间储仓式系统是将磨煤机磨好的煤粉先储存在煤粉仓中，然后根据锅炉运行负荷的需要，从煤粉仓经过给粉机送入炉膛中燃烧。

（一）直吹式煤粉制备系统

直吹式煤粉制备系统中，根据一次风机相对于磨煤机先后位置不同，又可分为正压直吹式系统和负压直吹式系统。在正压直吹式系统中，一次风机可布置在空气预热器前，也可布置在空气预热器后。布置在空气预热器前的一次风机称为冷一次风机，该布置方式由于进入冷一次风机的空气介质较为洁净且温度较低，因此可减少风机的磨损，并提高风机效率。布置在空气预热器之后的一次风机称为热一次风机，该布置方式将使风机效率下降，可靠性也较低。

资源库 12_直吹式煤粉制备系统

1. 冷一次风机正压直吹式煤粉制备系统

在图 1－4－1 所示的直吹式煤粉制备系统中，一次风机置于空气预热器前，流过风机的介质为冷空气，温度较低，大大提高了系统安全性；由于排粉机输送的是高温空气，导致排粉风机的工作效率和运行可靠性有所下降。

煤粉制备系统中工质的流程如下：

（1）煤的流程。原煤由输煤皮带从煤场输送到原煤斗。根据锅炉负荷要求，给煤机以一定的速率将原煤斗中的煤供给磨煤机，并通过调节给煤机电动机转速来控制给煤量。

（2）一次风流程。一次风的作用是向磨煤机提供一定温度的热风，以干燥研磨过程中的燃煤，并将磨制好的煤粉输送至燃烧器。空气经一次风机升压后在一次风机出口分

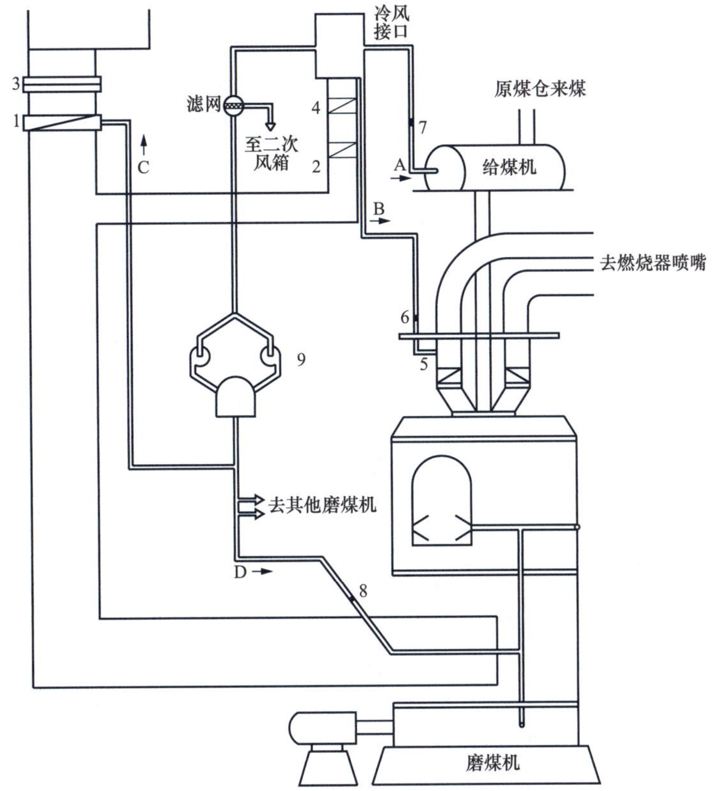

图 1－4－1　中速磨煤机直吹式煤粉制备系统（正压系统，带冷一次风机）

1—热风控制挡板；2—冷风控制挡板；3—热风关断门；4—冷风关断门；5—出粉管阀门；6—出粉管密封空气阀；7—给煤机密封空气关断阀；8—磨煤机密封空气关断阀；9—密封风机

A—去给煤机；B—去出粉管阀门；C—去热风关段门和控制挡板；

D—去磨煤机轴承和磨辊

成两路。一路为冷一次风；另一路去空气预热器一次风仓，经空气预热器加热后成为热一次风。冷、热一次风在磨煤机进口处按一定比例混合，风温可由冷、热一次风管道上的风门挡板调节。

（3）风粉混合物流程。磨煤机磨制出的煤粉由磨煤机上部煤粉分离器分离，合格的煤粉由一次风携带，经磨煤机出粉管、煤粉管道向布置在锅炉前墙和后墙的煤粉燃烧器输送风粉混合物，供炉膛燃烧。

（4）密封风流程。从冷一次风管引出一路冷风，经滤网过滤后送往密封风机，再经密封风机升压后用作磨煤机磨辊、磨煤机轴承、热一次风风门、磨煤机出粉管阀门及给煤机的密封风。

2. 双进双出钢球磨煤机煤粉制备系统

国内的双进双出钢球磨煤机煤粉制备系统以直吹式煤粉制备系统居多，图 1－4－2 所示为双进双出钢球磨煤机直吹式煤粉制备系统。

资源库 13_双进双出钢球磨煤机直吹式煤粉制备系统

如图 1－4－2 所示，系统由两个独立对称的回路所构成。每个回路的流程：原煤由煤斗经给煤机送入，经过高温的旁路风干燥后与分离器出来的回粉汇合后，到达磨煤机进煤管的螺旋输送器，由螺旋输送器带动沿与气粉混合物相反的方向送入磨煤机筒体内。热风从中心管进入磨煤机筒体，完成对煤的干燥，并把磨好的煤粉带出磨煤机，进入分离器，分离出来的粗颗粒返回磨煤机进行重新磨制，细煤粉离开分离器，通过输粉管道送入燃烧器。改变分离器内导向叶片的倾角可调节煤粉的细度。由于磨煤机在正压下工作，为防止煤粉泄漏，配备了密封风机，以产生高压空气，送往磨煤机转动部件的轴承。

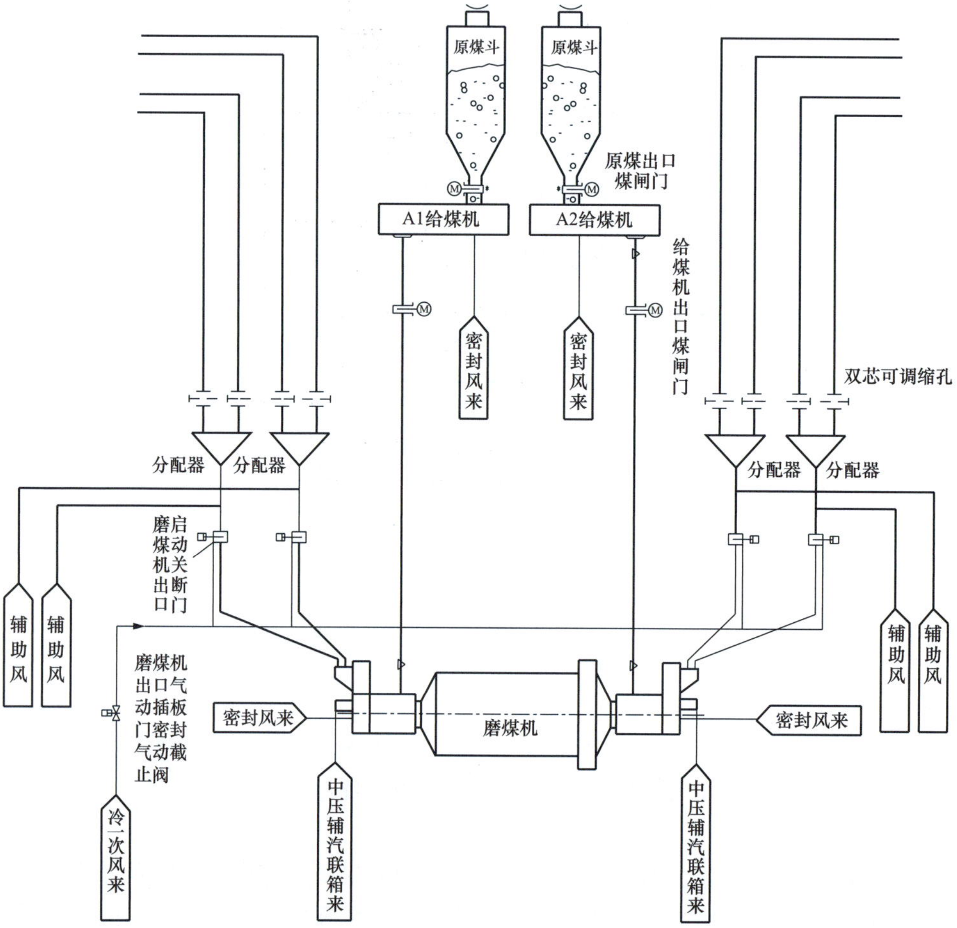

图 1－4－2　双进双出钢球磨煤机直吹式煤粉制备系统

（二）磨煤机（以 HP 碗式中速磨煤机为例）

资源库 14_磨煤机结构及原理

图 1－4－3 所示为 HP 碗式中速磨煤机的结构图及内部风粉流程图。该型磨煤机是一种上部带有分离器的浅碗磨，主要由下部磨煤机机体和上部煤粉分离器两部分组成。磨煤机机体零部件主要包括：落煤管、分离器顶盖、内锥体、分离器体、叶轮装置、行星齿轮减速器、排出阀、折向门调节装置、文丘里管、弹簧加载装置、侧机体装置、磨碗装置、磨辊装置、密封空气集管、石子煤排出口等。

原煤（直径不大于 35mm）经由连接在给煤机的中心给煤管送入，落到旋转的磨碗上，在离心力的作用下，向磨碗的周缘移动，在磨碗上形成一层煤床。三个独立的弹簧加载磨辊按相隔 120°分布，安装于磨碗之上，磨辊与磨碗之间保持一定的间隙，两者并无直接的金属接触。磨辊利用弹簧加压装置施以必要的研磨压力。当煤通过磨碗和磨辊之间时，弹簧加载装置产生的研磨力通过转动的磨辊施加在煤上。煤在磨碗衬板与磨辊之间被研磨成粉。这种磨煤机主要是利用磨辊与磨碗对它们之间的煤的压碎和研磨两种方法来实现磨煤的。磨出的煤粉由于离心力的作用继续向外移动，最后沿磨碗周缘溢出。

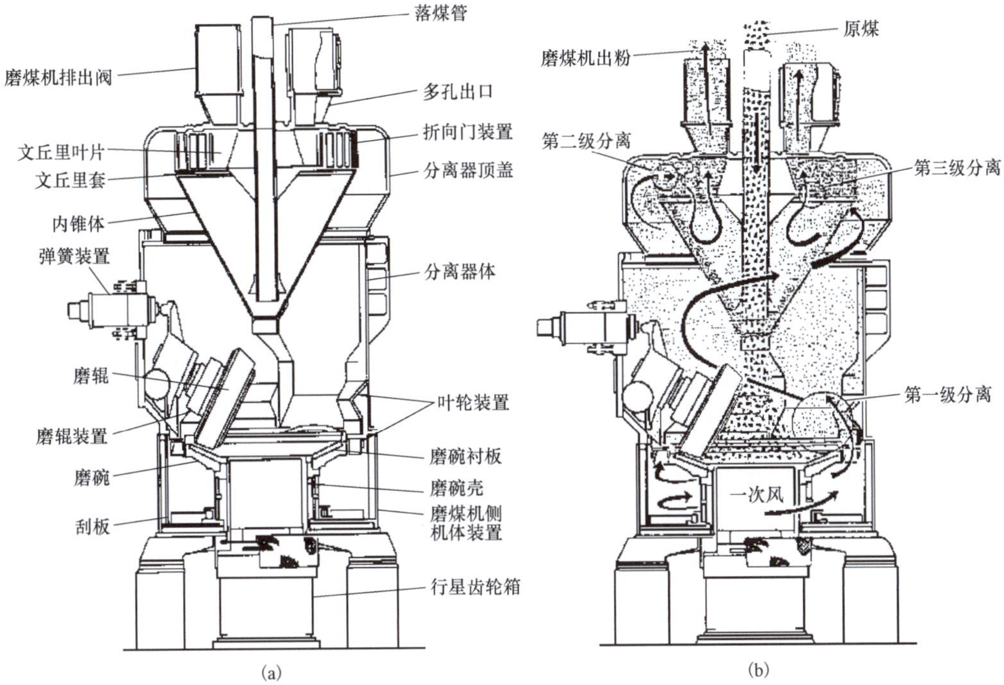

图 1-4-3　HP 碗式中速磨煤机的结构及内部风粉流程

（a）结构；（b）风粉流程

热空气从侧机体进入，然后沿着旋转的磨碗外径上升。装在磨碗上的叶片（叶轮）使气流趋于垂直方向，在磨碗外缘上较小较轻的煤粒被气流携带向上，而重的不易磨碎的外来杂物穿过气流落入侧机体区域。

在磨碗上方，被空气携带的较轻的煤粉颗粒经历了三级分离过程。

（1）第一级分离发生在磨碗的水平面上。安装在分离器体上的固定气体折向器使得最重的煤粉颗粒突然改变方向，失去动量并直接回到磨碗上重磨。

（2）较轻的煤粉颗粒被气流携带至分离器顶盖进行第二级分离，此处弯曲的可调叶片使风粉混合物产生旋转运动，使一部分较粗的颗粒从煤粉气流中分离，返回磨碗重磨。

（3）较细的煤粉气流通过折向门进入内锥体，折向叶片使风粉混合物在内锥体内产生旋转，由于离心力的作用，煤粉被进一步分离，这是煤粉的第三级分离。折向叶片的角度决定了旋流的速度，从而决定煤粉的最终细度。细度不合格的煤粉沿着内锥体内壁从旋流中分离出来，返回磨碗重磨，细度合格的煤粉经由出口文丘里管和出粉管阀门离开磨煤机进入煤粉管道系统。

四、 完成任务

登录660MW超超临界机组或330MW亚临界机组系统平台，严格按规范巡检程序完成煤粉制备系统及设备的巡检工作。煤粉制备系统及设备（以660MW超超临界机组仿真系统为例）检查卡见表1-4-1。

表1-4-1　　煤粉制备系统及设备检查卡

<table>
<tr><td colspan="3">检查任务：煤粉制备系统及设备的检查</td><td>编号：</td></tr>
<tr><td colspan="3">发令人：　　　　　时间：</td><td>受令人：　　　　时间：</td></tr>
<tr><td colspan="3">检查开始时间：</td><td>检查结束时间：</td></tr>
<tr><td>设备</td><td>序号</td><td>巡 检 标 准</td><td>检查结果</td></tr>
<tr><td rowspan="10">磨煤机</td><td>1</td><td>润滑油箱油位在1/2～2/3之间</td><td></td></tr>
<tr><td>2</td><td>磨煤机润滑油压大于0.15MPa，油温<60℃，滤网压差正常</td><td></td></tr>
<tr><td>3</td><td>磨煤机轴承温度不超过75℃</td><td></td></tr>
<tr><td>4</td><td>检查磨煤机振动、振幅正常，噪声小，无杂音</td><td></td></tr>
<tr><td>5</td><td>磨煤机的磨辊运行中无异声，弹簧加载压力正常，无较大的偏差</td><td></td></tr>
<tr><td>6</td><td>磨煤机转向正确，本体及管道无漏粉、漏油现象</td><td></td></tr>
<tr><td>7</td><td>密封风与一次风压差大于2kPa</td><td></td></tr>
<tr><td>8</td><td>磨煤机石子煤箱入口插板正常开启，出口插板关闭严密</td><td></td></tr>
<tr><td>9</td><td>磨辊油位在最低刻度线以上</td><td></td></tr>
<tr><td>10</td><td>主电机轴承温度正常</td><td></td></tr>
<tr><td rowspan="5">给煤机</td><td>1</td><td>给煤机内煤层正常，转速与煤量相符，给煤机煤漏粉流均匀，无堵煤现象</td><td></td></tr>
<tr><td>2</td><td>给煤机皮带无打滑跑偏现象，原煤无黏结现象，皮带张力正常，清扫链运行，转向正确</td><td></td></tr>
<tr><td>3</td><td>电机无异声，电机外壳温度<75℃</td><td></td></tr>
<tr><td>4</td><td>给煤机清扫刮板运行正常，给煤机底部无积煤</td><td></td></tr>
<tr><td>5</td><td>冷却风扇罩壳无杂物，清扫链减速机无异声、无漏油现象</td><td></td></tr>
<tr><td rowspan="7">密封风机</td><td>1</td><td>密封风机及电机轴承温度正常应在40～70℃范围，事故按钮保护罩完好</td><td></td></tr>
<tr><td>2</td><td>密封风机及电机运行中轴承振动在0.05mm以下，电机外壳温度不超过80℃</td><td></td></tr>
<tr><td>3</td><td>密封风机及电机运行平稳、无异声</td><td></td></tr>
<tr><td>4</td><td>密封风机入口滤网前后压差不超过0.6kPa</td><td></td></tr>
<tr><td>5</td><td>密封风压满足煤粉制备系统的需求</td><td></td></tr>
<tr><td>6</td><td>备用密封风无倒转现象，出口挡板开启，入口挡板关闭状态</td><td></td></tr>
<tr><td>7</td><td>密封风机出口三通挡板位置指示正确</td><td></td></tr>
</table>

五、 评价

根据工作任务的完成情况，对照评价项目和技术标准规范，逐项评价，确定技能水平和改进的要求。煤粉制备系统巡检评价表见表1-4-2。

表 1-4-2　煤粉制备系统巡检评价表

内容		评价	
学习目标	评价项目	个人评价	教师评价
知识目标	掌握煤粉制备系统流程及设备结构		
	能正确进行设备及系统启动前的全面检查和就地启动条件的确认及操作		
	掌握煤粉制备系统及设备正常运行中的巡检项目、标准、要求及方法		
	能正确进行有关设备及其冷却、润滑装置的正常检查与操作		
技能目标	磨煤机启动前与运行中的巡检		
	给煤机启动前与运行中的巡检		
	密封风机启动前与运行中的巡检		
素质目标	沟通能力		
	团队合作能力		
	突发事件处理能力		
改进要求			

六、 课后练习

(1) 简述煤粉制备系统流程及主要设备的工作原理。

(2) 简述煤粉制备系统巡检的程序、规范和要求。

(3) 在仿真系统上练习煤粉制备系统及设备的巡检操作。

工作任务五　吹灰系统巡检

一、 任务描述

正确使用吹灰器对防止和清除锅炉水冷壁、过热器、省煤器、空气预热器管外结渣和积灰有明显作用，对提高锅炉热效率和锅炉安全运行有明显的效果。为了防止由于吹灰器故障、卡涩、泄漏造成锅炉承压部件损伤，减少由此造成的机组非计划停运，提高锅炉运行的可靠性，对吹灰器启动前与运行中的巡检就尤为重要。

二、 任务分析

锅炉正常运行中，原则上每 8h 对锅炉受热面进行全面吹灰一次。锅炉正常运行时，若省煤器出口烟温高于正常温度或主、再热汽温较正常值低时应进行全面吹灰一次。

(一) 吹灰器启动前检查

(1) 检查吹灰系统的检修工作应全部结束，工作票终结。吹灰系统的控制电源和动力电源都已送上。

(2) 检查吹灰系统各阀门、管道连接应完整，电动阀门接线完整，安全阀外观检查无损坏并且在释放状态，系统内各热工测点回装完毕，完整、无损坏。

（3）全面检查所有吹灰器应在完全退出位，吹灰器罩壳内外无杂物，设备清洁，吹灰器周围照明充足。

（4）检查吹灰器本体应无变形和损坏，支架牢固，吹灰器本体罩壳完整并安装牢固。

（5）检查吹灰器接线盒应安装牢固，驱动电动机接线牢固，行走线轨不跑偏。

（6）检查吹灰器行走箱不应偏斜，行走箱限位开关无损坏。

（7）检查吹灰器链轮、传动链条、行走轮、齿条、驱动齿轮等驱动装置应无跑偏和断齿。

（8）检查吹灰管应无弯曲变形，吹灰管和炉墙吹灰孔对中。

（9）检查吹灰器拨叉机构应无变形损坏、弹簧阀弹簧和阀杆无偏斜，弹簧阀在完全跳开的关闭状态。

（二）吹灰器运行中的巡检

（1）监视吹灰蒸汽压力保持在1.2～1.5MPa范围内。

（2）吹灰蒸汽温度不小于300℃。

（3）监视运行吹灰器的电流、吹灰时间等。

（4）吹灰器各阀门状态应正常，无故障报警。

（5）就地检查吹灰器实际位置与画面位置应相符。

（6）停止吹灰器，弹簧阀应无内漏现象。

（7）运行吹灰器盘根应无漏汽现象。

（8）所有系统管道应无漏汽、漏水现象。

（9）吹灰器运行中，若发生卡在炉膛中不能退出时，要立即停止蒸汽吹灰。应当维持蒸汽吹灰压力1.0MPa并就地将吹灰器手动摇出，防止吹灰器吹损受热面和吹灰管烧坏。

（10）检查吹灰系统按程控设定顺序自动启停，吹灰系统管道、阀门、吹灰器内管轴封处不漏汽。

（11）检查吹灰器运行中应行走平稳、无刮卡，拨叉机构动作灵活、无卡涩。

三、相关知识

对燃煤锅炉而言，炉膛水冷壁结焦、高温过热器及再热器挂焦、尾部受热面积灰是不可避免的现象。水冷壁结焦严重时，大渣使冷渣斗产生架桥现象而无法排渣；高温过热器和再热器结焦严重时，会使部分受热面间烟气通道堵死；尾部受热面积灰严重时，会使过热器、再热器、省煤器、空气预热器传热效率降低，锅炉排烟温度升高，锅炉效率降低；受热面结焦、积灰还会引起受热面超温，加剧受热面腐蚀，缩短受热面寿命，严重时会影响锅炉的正常运行，甚至影响巡检人员的人身安全。因此，在锅炉设计时均配有一定数量的吹灰器。常用的吹灰器有蒸汽吹灰器、燃气脉冲激波吹灰器、声波吹灰器。

（一）吹灰系统（以660MW超超临界机组仿真系统为例）

锅炉吹灰系统在炉膛内设炉膛吹灰器48只，炉膛上部和对流烟道区域共布置长伸缩式吹灰器34只，后烟井下部对流烟道区域布置半伸缩式吹灰器4只，空气预热器布置半伸缩式吹灰器4只，每台空气预热器配有2只吹灰器，烟气余热利用装置采用声波吹灰器，吹灰器由程序控制。炉膛出口两侧各装设一只烟温探针，左右侧设置炉膛监视闭路电视系统的摄像头用于监视炉膛燃烧状况。锅炉本体吹灰汽源由低温再热器进口提供；空气预热器吹灰汽源由两路提供：低温再热器进口处蒸汽或辅助蒸汽。

资源库15_吹灰系统流程

（二）蒸汽吹灰器

蒸汽吹灰器一般有长伸缩式吹灰器、短伸缩式吹灰器、空气预热器吹灰器三种型式。吹灰器主要由梁体、跑车、提升阀、墙箱、内管、吹灰枪与喷嘴、电控系统、螺旋线相变机构（选用）等组成。图1－5－1所示为长伸缩式吹灰器。

资源库16_长伸缩式吹灰器

从伸缩旋转的吹灰枪管端部的喷嘴中喷出蒸汽，持续冲击清洗受热面。喷嘴的轨迹是一条螺旋线，导程由吹灰器行程和吹灰器要求决定。

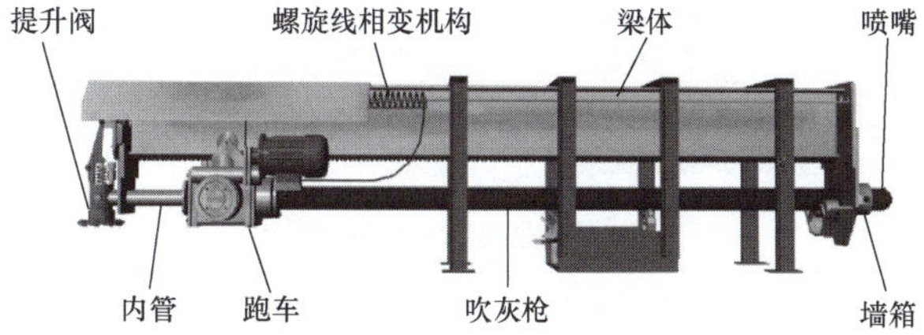

图1－5－1　GF－525长伸缩式吹灰器

（三）声波吹灰器

声波吹灰器有双音双频声波吹灰器和单音单频声波吹灰器两种。原理为声波在烟道或炉膛内传播，牵动烟气中的灰粒同步振动，在声波振动及疲劳的反复累计作用下，使微小的灰粒难以靠近积灰面，也使沉积在受热面上的灰尘破坏剥离，从而达到清灰的目的。

资源库17_声波吹灰器

四、完成任务

登录660MW超超临界机组或330MW亚临界机组或350MW超临界循环流化床机组系统平台，严格按规范巡检程序完成吹灰系统设备的启动前检查与运行中的巡检工作。吹灰系统巡检卡见表1－5－1。

表1－5－1　吹灰系统巡检卡

<table>
<tr><td colspan="3">检查任务：吹灰系统巡检</td><td>编号：</td></tr>
<tr><td colspan="3">发令人：　　　　时间：</td><td>受令人：　　　　时间：</td></tr>
<tr><td colspan="3">检查开始时间：</td><td>检查结束时间：</td></tr>
<tr><td>设备</td><td>序号</td><td>巡检标准</td><td>检查结果</td></tr>
<tr><td rowspan="2">吹灰系统启动前的检查</td><td>1</td><td>吹灰系统的检修工作全部结束，工作票终结</td><td></td></tr>
<tr><td>2</td><td>吹灰系统各阀门、管道连接完整，电动阀门接线完整，安全阀外观检查无损坏并且在释放状态，系统内各热工测点回装完毕，完整无损坏</td><td></td></tr>
</table>

续表

设备	序号	巡 检 标 准	检查结果
吹灰系统启动前的检查	3	所有吹灰器在完全退出位，吹灰器罩壳内外无杂物，设备清洁，吹灰器周围照明充足	
	4	检查吹灰器本体无变形和损坏，支架牢固，吹灰器本体罩壳完整并安装牢固	
	5	吹灰器接线盒安装牢固，驱动电动机接线牢固，行走线轨不跑偏	
	6	吹灰器行走箱不偏斜，行走箱限位开关无损坏	
	7	吹灰器链轮、传动链条、行走轮、齿条、驱动齿轮等驱动装置无跑偏和断齿	
	8	吹灰管无弯曲变形，吹灰管和炉墙吹灰孔对中	
	9	吹灰器拨叉机构无变形损坏、弹簧阀弹簧和阀杆无偏斜，弹簧阀在完全跳开关闭状态	
运行中的检查	1	就地检查吹灰器实际位置与画面位置应相符	
	2	停止吹灰器弹簧阀无内漏现象	
	3	运行吹灰器盘根无漏汽现象	
	4	所有系统管道无漏汽、漏水现象	
	5	吹灰器运行中发生卡在炉膛中不能电动退出时手动退出	
	6	吹灰系统按程控设定顺序自动投停	
	7	吹灰系统管道、阀门、吹灰器内管轴封处不漏汽	
	8	检查吹灰器运行中行走平稳、无刮卡，拨叉机构动作灵活、无卡涩	

五、评价

根据工作任务的完成情况，对照评价项目和技术标准规范，逐项评价，确定技能水平和改进的要求。吹灰系统巡检评价表见表1-5-2。

表1-5-2　　吹灰系统巡检评价表

内 容		评 价	
学习目标	评 价 项 目	个人评价	教师评价
知识目标	掌握吹灰系统流程及设备结构		
	了解吹灰对锅炉运行的影响		
技能目标	能正确进行设备及系统启动前的全面检查和就地启动条件的确认及操作		
	掌握吹灰系统及设备正常运行中的巡检项目、标准、要求及方法		
素质目标	沟通能力		
	团队合作能力		
	突发事件处理能力		
改进要求			

六、 课后练习

（1）简述吹灰系统主要设备的工作原理。

（2）简述锅炉吹灰系统巡检的程序、规范和要求。

（3）在仿真系统上练习吹灰系统及设备的巡检操作。

工作任务六　压缩空气系统巡检

一、 任务描述

压缩空气分为仪用压缩空气和杂用压缩空气。压缩空气系统的安全运行对机组的稳定运行有着非常重要的意义。为了保证压缩空气系统的正常运行，日常的巡检与维护就尤为重要。

压缩空气系统每小时巡检一次。巡检内容包括检查油分离器油位、油温、润滑油压、空气压缩机（简称空压机）本体转子振动、轴承温度、冷却水供水等。

二、 任务分析

（一）空压机启动前检查

（1）确认空压机检修工作已结束，检修工作票已收回。

（2）空压机的紧急停机按钮已复位。

（3）空压机本体油位正常，油质合格。

（4）确认空压机系统各部正常、阀门位置符合空压机的启动要求。

（5）确认空压机动力电源、控制电源已送上。

（6）确认储气罐、空压机本体、干燥净化装置各部已进行彻底疏水，各疏水门已关闭。

（7）确认压缩空气系统储气罐的进口手动阀已开启。

（8）确认空压机各部分变送器、压力表正常投用。

（9）投入空压机冷却水，检查各部件冷却水回水正常。

（二）干燥净化装置启动前检查

（1）干燥净化装置的检修工作是否已终结，检修工作票已收回。

（2）干燥净化装置系统的各部动力电源、控制电源应投入正常。

（3）干燥净化装置各部表计应投入正常。

（4）自动排水器上部隔离阀应在打开位置。

（5）确认干燥净化装置面板指示应正常，无报警指示。

（6）干燥装置选择开关是否在远控位置。

（三）空压机正常运行中的巡检和检查

（1）检查油分离器油位、油温润滑油压是否正常。

（2）检查空压机本体转子振动、轴承温度是否正常。

（3）检查冷却水供水压力、温度是否正常。

（4）检查气水分离器疏水是否正常。

（5）检查空压机各部有无漏水、漏气、漏油等异常现象。

（6）检查空压机在加、卸载的过程中声音是否正常。

（7）检查压缩空气的排气温度是否正常。

（8）检查空压机就地控制面板上有无报警信息。

三、相关知识

（一）压缩空气系统（以660MW超超临界机组仿真系统为例）

该系统采用四台螺杆仪用空压机，配置四台 $50m^3/min$ 组合式空压机后处理装置，空压机能自动调整运行状态。空压机及其后处理装置按母管布置，四台仪用空压机出口通过阀门接母管，再通过阀门向各后处理设备连接，四台仪用空压机后处理出口通过母管连接至两台 $60m^3$ 的仪用储气罐和一台 $40m^3$ 杂用储气罐。仪用空压机出口母管配置一个 $20m^3$ 缓冲罐，以消除空气中的水分，减少后处理的工作压力。机组冷却水由闭式冷却水系统提供。

仪用压缩空气系统主要向机组气动阀、气动仪表、火焰电视等提供工作气源，同时向除灰、化学系统提供仪用压缩空气；杂用压缩空气系统主要向机组检修用气提供气源。

资源库 18_螺杆式空气压缩机

（二）螺杆空压机

1. 螺杆空压机的基本结构

在压缩机的机体中，平行地配置着一对相互啮合的螺旋形转子，通常把节圆外具有凸齿的转子称为阳转子或阳螺杆，把节圆内具有凹齿的转子，称为阴转子或阴螺杆。一般阳转子与原动机连接，由阳转子带动阴转子转动。转子上的最后一对轴承实现轴向定位，并承受压缩机中的轴向力。转子两端的圆柱滚子轴承使转子实现径向定位，并承受压缩机中的径向力。在压缩机机体上分别开设进气口和排气口。

2. 螺杆空压机工作原理

螺杆压缩机的工作循环可分为进气、压缩和排气三个过程。随着转子旋转，每对相互啮合的齿相继完成相同的工作循环，其工作原理如图 1-6-1 所示。

（1）进气过程：转子转动时，阴阳转子的齿沟空间在转至进气端壁开口时，其空间最大，此时转子齿沟空间与进气口的相通，齿沟处于真空状态；当转至进气口时，外界气体即被吸入，沿轴向进入阴阳转子的齿沟内。

（2）压缩过程：阴阳转子在吸气结束时，其齿尖会与机壳封闭，此时气体在齿沟内不再外流，其啮合面逐渐向排气端移动，啮合面与排气口之间的齿沟空间渐渐缩小，齿沟内的气体被压缩，压力提高。

（3）排气过程：当转子的啮合端面转到与机壳排气口相通时，被压缩的气体开始排出，直至齿尖与齿沟的啮合面移至排气端面，此时阴阳转子的啮合面与机壳排气口的齿沟空间为 0，即完成排气过程。

（三）干燥机

压缩空气先进入油过滤器除去大部分液态水以及油，然后进入冷干机中的预冷器与

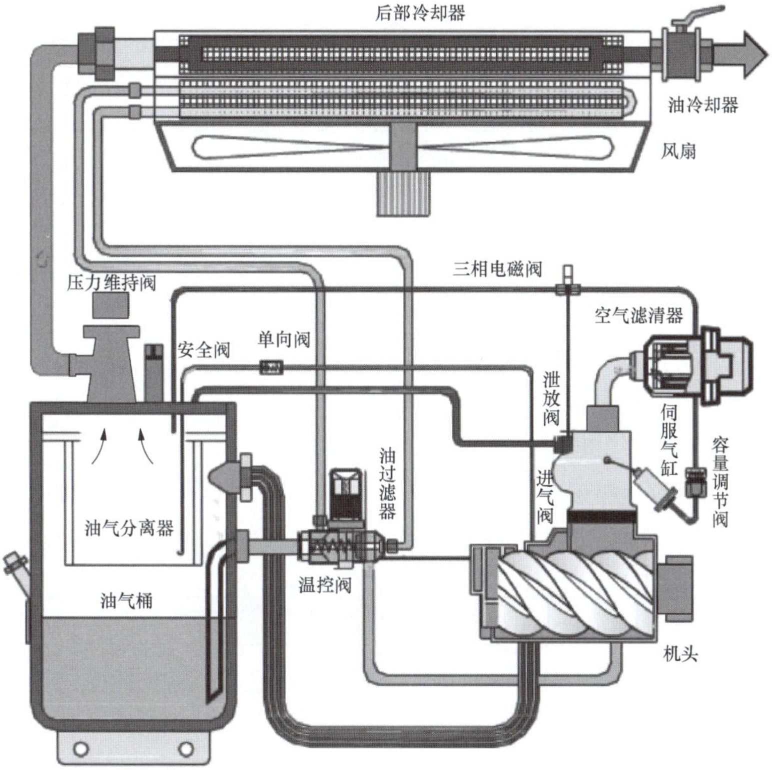

图 1-6-1　双螺杆空压机工作原理

经降温干燥后的压缩空气进行热交换，除去一部分水分，温度降至常温，再进入蒸发器进行热交换，冷却至 5℃左右凝结。气水分离器将空气与水分分离，干燥后的压缩空气返回到冷干机中的预冷器，水分、油分经自动排水器排出。干燥后的压缩空气再进入吸干机吸附干燥，进一步除去水分，直到露点温度符合要求。

资源库 19_压缩空气干燥机

四、完成任务

登录 660MW 超超临界机组或 330MW 亚临界机组或 350MW 超临界循环流化床机组系统平台，严格按规范巡检程序完成压缩空气系统设备的启动前检查与运行中的巡检工作。压缩空气系统巡检卡见表 1-6-1。

表 1-6-1　　压缩空气系统巡检卡

检查任务：压缩空气系统巡检			编号：
发令人：　　时间：		受令人：　　时间：	
检查开始时间：		检查结束时间：	
设备	序号	巡检标准	检查结果
空压机启动前的检查	1	确认所有检修工作结束，工作票全部收回并验收合格，现场清洁无杂物	
	2	开启油水分离器后部的冷却器排污阀，排出凝结水后关闭	
	3	检查油气分离器油位正常，油质良好，油过滤器清洁	

续表

设备	序号	巡 检 标 准	检查结果
空压机启动前的检查	4	空压机及干燥器冷却水畅通，进水压力合格	
	5	空气入口滤网清洁，阻塞指示器指示正确无堵塞情况	
	6	排气通道畅通	
	7	各仪表及指示灯的工作情况正常	
	8	各储气罐安全阀无卡涩	
	9	空压机各连接件的结合与紧固情况正常	
	10	空压机自动控制装置完好，事故按钮正常复位，无任何报警信号	
	11	压缩空气系统各阀门开关灵活	
	12	空压机内部电动机接地线良好	
干燥机启动前的检查	1	干燥机熔断器完好，继电器插件无松动，电气接线无松动、脱落现象，电源已送上，停机指示灯亮	
	2	干燥机冷凝水排污阀，排除冷凝水后关闭	
	3	干燥机冷却水畅通	
	4	干燥机自动排水器应无堵塞现象	
	5	干燥机面板上各仪表投入正常，指示正确	
	6	干燥装置选择开关在远控位置	
压缩空气系统运行检查	1	空压机排气温度正常	
	2	机身内润滑油在规定油位内	
	3	各仪表读数是否在规定范围内，出口压力正常	
	4	检查油过滤器、空气滤清器及油气分离器指示灯是否正常，当油过滤器或空气滤清器两端压差过大时，指示灯亮，应及时通知维护人员更换滤芯	
	5	机组运转声及振动正常	
	6	电机温升及电流在规定范围内	
	7	气、水、油管路无泄漏，冷却水出水温度<40℃	
	8	干燥机的运行状况，自动排水系统是否正常运行	

五、评价

根据工作任务的完成情况，对照评价项目和技术标准规范，逐项评价，确定技能水平和改进的要求。压缩空气系统巡检评价表见表 1-6-2。

表 1-6-2　　压缩空气系统巡检评价表

内容		评价	
学习目标	评 价 项 目	个人评价	教师评价
知识目标	掌握压缩空气系统流程及设备结构		

续表

内容		评价	
学习目标	评价项目	个人评价	教师评价
知识目标	掌握空压机和干燥机设备结构及工作原理		
	了解压缩空气系统对机组的影响		
技能目标	能正确进行设备及系统启动前的全面检查和就地启动条件的确认及操作		
	掌握压缩空气系统及设备正常运行中的巡检项目、标准、要求及方法		
素质目标	沟通能力		
	团队合作能力		
	突发事件处理能力		
改进要求			

六、课后练习

（1）绘制压缩空气系统图。

（2）简述螺杆空压机工作原理。

（3）简述压缩空气系统巡检的程序、规范和要求。

（4）在仿真系统上练习压缩空气系统及设备的巡检操作。

工作任务七　除渣系统巡检

一、任务描述

除渣系统是指对锅炉炉底排出的底渣进行收集、冷却、输送、存储的综合处理系统。除渣系统巡检包括冷渣器、链斗输送机、斗式提升机、渣仓、碎渣机等设备启动前检查和正常运行巡检。

二、任务分析（以干式排渣系统为例）

（一）干式排渣系统启动前检查

（1）检修完毕，工作票终结，临时安全措施已拆除，设备整洁，照明良好。设备连接完整，输渣、液压站管路、张紧系统无泄漏，气源压力保持正常，各气动阀门灵活好用。各电动机、减速机安装牢固，转向正确，接地良好，防护罩完好牢固。

（2）渣井、液压破碎机、钢带、清扫链、碎渣机、斗式提升机、渣仓内无杂物，具备投入条件。

（3）检查液压破碎机液压管路连接应完好，油箱内油量充足，液压泵站控制方式在远控，控制柜已送电。

（4）确认液压破碎机挤压头关闭，液压破碎机供油、回油手动总门开启。

（5）钢带机张紧力适中，钢带位于承载托辊中间；清扫链张紧力适中，链条在相应的托轮槽内，无卡涩。

（6）干渣机检查门、孔已关闭。钢带在滚筒中心，轴承润滑油充足。液压油箱、各减速机油位正常，油质良好。

（7）碎渣机机械装置无卡涩，防护罩牢固完好。

（8）斗式提升机链条松紧适度，无卡涩。

（9）渣仓没有“高料位”信号，卸渣插板门已关闭。

（10）渣仓及汽车散装机除尘装置完好，布袋无破损，布袋吹扫气源已投入。风机接线完整，具备投入条件。

（11）汽车散装机、双轴搅拌机装置活动正常，无卡涩。

（12）干式除渣系统双轴搅拌机用水具备投用条件。

（13）各设备及控制阀门就地控制柜按钮、旋钮位置正确。各开关表计、报警保护准确可靠，指示正确，并已投运。

（二）干式排渣系统正常运行中的巡检

（1）正常运行时，液压关断阀应该保持全开，当炉底排渣装置格栅上有大焦块时，启动液压油站，关闭对应的液压关断阀，将渣挤碎排出。

（2）通过渣井摄像头观察渣井的亮度来判断冷灰斗是否结焦。

（3）放渣时要注意通过渣井摄像头观察各渣井，并通过渣井和钢带头部温度判断焦渣是否正常下落。

（4）检查液压系统压力始终不得大于13.5MPa，油温为35～55℃，不得大于65℃，液压油泵和电机的振动正常，无异声，系统无漏油。

（5）通过钢带侧部观察孔，检查钢带机清扫链运行良好，链条运行平直，无扭曲、卡涩和脱链现象。清扫刮板无挑起，钢带机上升段无严重积灰。积灰较多时，打开2～4个箱体侧部检查孔，利用锅炉负压将积灰清空，如无法消除，则联系检修人员处理，清理完毕后，立即关闭观察孔门。

（6）检查液压张紧装置完好，钢带及清扫链张紧适中；钢带机运行平稳，其边缘与限位轮的距离不小于2mm，清扫链无跑偏、脱槽现象；钢带机、清扫链过渡段压轮、托轮运行正常，压轮基座无断裂。

（7）检查钢带机出渣口温度应小于200℃。若超过200℃，应及时打开冷却风门降温。

（8）为防止钢带机上细灰被吹落，导致清扫链过载损坏，正常运行中干排渣机水平段通风口应全开，爬坡段通风口关闭。

（9）监视碎渣机电流是否在正常范围。若电流过大，应及时检查是否有杂物卡涩。

（10）正常运行时，斗式提升机链条应无跑偏、断链、掉链现象，料斗无卡涩、无变形、无异声。

（11）正常运行时渣仓布袋除尘器风机应保持运行，干渣散装机布袋除尘器可在排放干渣时运行。

（12）监视渣仓料位应正常，料位高时应及时联系装车外运。

三、 相关知识

锅炉除渣系统可分为干式除渣系统和湿式除渣系统。干式除渣系统是指依靠锅炉负压，引入适量受控的环境空气，对灰渣进行冷却的炉底灰渣处理系统；湿式除渣系统是指依靠水冷却锅炉灰渣。

（一）干式除渣系统

炉底渣经过渡渣斗及液压关断门（正常运行常开）落在缓慢移动的风冷式钢带排渣机的输送钢带上，在输送过程中通过自然冷风将含有大量热量的热渣冷却成可以直接储存和运输的冷渣，冷却后的炉底渣进入碎渣机，破碎后经二级钢带输渣机将渣输送至锅炉房外的斗式提升机内，经斗式输送机输送至渣仓，然后装车外运。干式除渣系统连续运行，如图 1－7－1 所示。

资源库 20_干式除渣系统工作流程

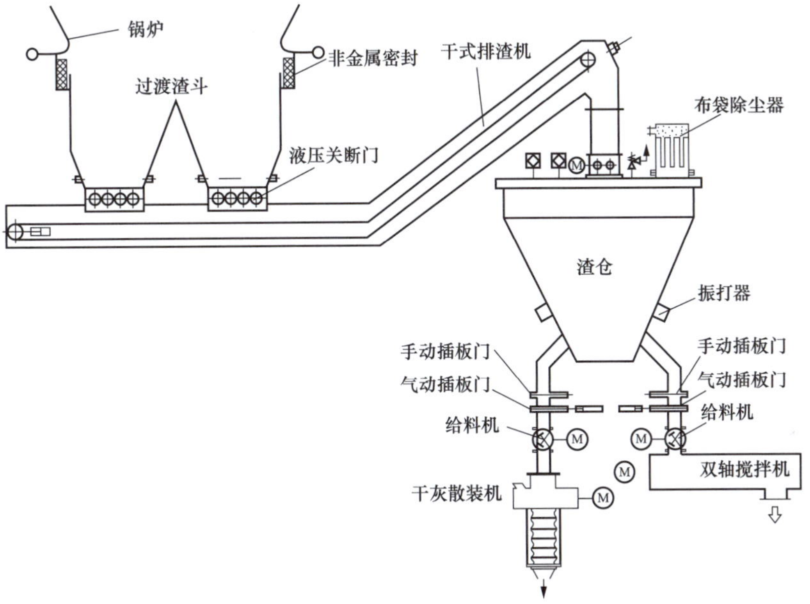

图 1－7－1　干式除渣系统

干式除渣系统符合国家对环境保护的要求，整套系统都是零用水量、没有水资源消耗，也没有废水排放；由于是让少量自然风直接与底渣接触，让渣中未完全燃烧的碳继续燃烧，燃烧后的热量被送入炉膛，减少了未完全燃烧热损失和物理热损失，有利于提高锅炉效率；锅炉结焦时，由液压破碎机拦截、待燃烧充分后进行初步破碎，有效保护下部设备，避免了湿式排渣系统的爆炸现象，对发电机组的安全起到了有效的保护。

（二）湿式除渣系统

湿式除渣系统由粒化箱、捞渣机、碎渣机、带式输送机和渣仓组成。

炉渣经水浸式刮板捞渣机连续捞出，经碎渣机破碎后，由埋刮板输送机输送至渣仓储存，定期由汽车外运。渣井及除渣系统中的溢流水经溢流水泵打到高效浓缩机，经高

资源库 21_捞渣机

效浓缩机处理后上部较干净的渣水自流至缓冲水池，渣水在缓冲水池中澄清后，澄清水由低压泵打至渣井水封槽和刮板捞渣机的上槽体中重复利用。高效浓缩机底部的污泥和缓冲池底部沉淀的污泥由各自的泥浆泵打至煤场的沉淀池，同时为了防止高效浓缩机、缓冲水池底部的污泥排出管堵塞，均装有反冲洗管。在缓冲池的筒壁上装有旋流喷嘴，使缓冲池中的水形成环状旋流，以加强缓冲池的澄清效果。反冲洗水及环流喷嘴的水由反冲洗水泵提供。湿式除渣系统采用冷却水对炉渣进行冷却，冷却效果好，捞渣机和渣仓的溢流水可循环利用。生产环节较少、系统较简单，对煤质变化的适应性较好，并且技术成熟、运行经验丰富、初投资相对较低。

四、完成任务

严格按规范巡检程序完成除渣系统设备的启动前检查与运行中的巡检工作。除渣系统巡检卡见表 1-7-1。

表 1-7-1　　除渣系统巡检卡

检查任务：除渣系统巡检			编号：
发令人：　　时间：		受令人：　　时间：	
检查开始时间：		检查结束时间：	
设备	序号	巡检标准	检查结果
除渣系统启动前的检查	1	检修完毕，工作票终结，临时安全措施已拆除，设备整洁，照明良好。设备连接完整，输渣、液压站管路、张紧系统无泄漏，气源压力保持正常，各气动阀门灵活好用。各电动机、减速机安装牢固，转向正确，接地良好，防护罩完好且牢固	
	2	渣井、液压破碎机、钢带、清扫链、碎渣机、斗式提升机、渣仓内无杂物，具备投入条件	
	3	检查液压破碎机液压管路连接完好，油箱内油量充足，液压泵站控制方式在远控，控制柜已送电	
	4	确认液压破碎机挤压头关闭，液压破碎机供油、回油手动总门开启；钢带机张紧力适中，钢带位于承载托辊中间；清扫链张紧力适中，链条在相应的托轮槽内，无卡涩	
	5	干渣机检查门、孔已关闭。钢带在滚筒中心，轴承润滑油充足。液压油箱、各减速机油位正常，油质良好	
	6	碎渣机机械装置无卡涩，防护罩牢固完好	
	7	斗式提升机链条松紧适度，无卡涩	
	8	渣仓没有“高料位”信号，卸渣插板门已关闭	
	9	渣仓及汽车散装机除尘装置完好，布袋无破损，布袋吹扫气源已投入。风机接线完整，具备投入条件	
	10	汽车散装机，双轴搅拌机装置活动正常，无卡涩	
	11	干式除渣系统双轴搅拌机用水具备投用条件	
	12	各设备及控制阀门就地控制柜按钮、旋钮位置正确。各开关表计、报警保护准确可靠，指示正确，并已投运	

续表

设备	序号	巡检标准	检查结果
除渣系统运行中的巡检	1	液压关断阀应该保持全开，当炉底排渣装置格栅上有大焦块时，启动液压油站，关闭对应的液压关断阀，将渣挤碎排出	
	2	通过渣井摄像头观察渣井的亮度来判断冷灰斗是否结焦	
	3	放渣时要注意通过渣井摄像头观察各渣井，并通过大放渣时的渣井和钢带头部温度判断焦渣是否正常下落	
	4	检查液压系统压力始终≤13.5MPa，油温在35～55℃，不得大于65℃，液压油泵和电机的振动正常，无异声，系统无漏油	
	5	钢带机清扫链运行良好，链条运行平直，无扭曲、卡涩和脱链现象，清扫刮板无挑起，钢带机上升段无严重积灰	
	6	检查液压张紧装置完好，钢带及清扫链张紧适中钢带机运行平稳，其边缘与限位轮的距离不小于2mm，清扫链无跑偏、脱槽现象钢带机、清扫链过渡段压轮、托轮运行正常，压轮基座无断裂	
	7	检查钢带机出渣口温度＜200℃，若超过200℃应及时打开冷却风门降温	
	8	干排渣机水平段通风口全开，爬坡段通风口关闭	
	9	监视碎渣机电流在正常范围，若电流过大应及时检查是否有杂物卡涩	
	10	斗式提升机链条应无跑偏、断链、掉链现象，料斗无卡涩、无变形、无异声	
	11	监视渣仓料位正常，料位高时应及时装车外运	

五、评价

根据工作任务的完成情况，对照评价项目和技术标准规范，逐项评价，确定技能水平和改进的要求。除渣系统巡检评价表见表1-7-2。

表1-7-2　除渣系统巡检评价表

内容		评价	
学习目标	评价项目	个人评价	教师评价
知识目标	掌握除渣系统流程及设备结构		
	正确进行设备及系统启动前的全面检查和就地启动条件的确认及操作		
	掌握除渣系统及设备正常运行中的巡检项目、标准、要求及方法		
技能目标	能正确进行设备及系统启动前的全面检查和就地启动条件的确认及操作		
	掌握除渣系统及设备正常运行中的巡检项目、标准、要求及方法		
素质目标	沟通能力		
	团队合作能力		
	突发事件处理能力		
改进要求			

六、课后练习

(1) 简述干式除渣系统流程。

（2）简述除渣系统巡检的程序、规范和要求。

（3）在仿真系统上练习除渣系统的巡检操作。

工作任务八　脱硝系统巡检

一、任务描述

燃料燃烧过程产生的NO_x数量最多，其中在所有燃料燃烧排放的NO_x中，75%来自煤炭的直接燃烧。烟气脱硝的NO_x脱除率高，运行简单，已成为控制NO_x排放的主要方式。脱硝系统的巡检包括启动前的检查以及脱硝系统运行中的巡检。

二、任务分析（以液氨为还原剂）

（一）脱硝系统启动前的检查

（1）SCR系统检修工作结束，工作票注销，周围无动火作业。

（2）SCR系统各设备连接良好，阀门位置正确，系统无泄漏。

（3）吹灰蒸汽汽源正常，SCR系统吹灰器备用正常。

（4）稀释风机连接牢固，电机接线完好。

（5）SCR系统连锁保护试验正常，烟气分析仪、流量计等热工仪表投入正常。

（6）喷氨系统调试结束，氨气流量调节阀动作正常，氨气流量分配调试完毕，各喷氨分支管道上的手动调节挡板在设定开度。

（7）SCR系统烟气压力、压差、温度测量装置完好并投入，DCS热工信号显示正确，系统无报警。

（8）氨气蒸发系统具备投运条件，液氨储存量充足；SCR干燥剂层进出口压差小于240Pa，反应器入口温度为310～420℃。

（二）脱硝系统运行监视及调整

（1）监视氨气和稀释空气混合后注入烟道氨浓度不超过5%，防止氨气爆炸。

（2）监视反应器入口烟温应在310～420℃范围内，否则应停止喷氨，退出脱硝系统。

（3）监视SCR干燥剂层出入口压差小于240Pa（两层催化剂），否则应及时投入吹灰系统。

（4）监视反应器出口NO_x浓度（6%含氧量，干烟气）不大于50mg/m^3（标准状态下），脱硝效率不小于85%，SCR出口NH_3逃逸率不大于3mg/m^3，氨空混合器出口温度不得低于0℃；当反应器入口烟气中的NO_x含量及负荷变化时应及时调整，使各参数在正常范围。

（5）脱硝运行中，若SCR出口NO_x显示值无变化或明显不准，则应及时联系检修处理，暂停喷氨。

（6）运行中应经常检查各膨胀节、人孔、检查孔是否有泄漏痕迹，否则应及时联系处理。

（7）注意检查系统有无泄漏，监视人员应注意监视脱硝控制界面是否有氨泄漏报警，就地检查应注意有无刺鼻的氨味。

（8）喷氨格栅前的氨气分配手动节流阀一经试验确定开度就应保持不变。

三、相关知识

对于燃煤NO_x的控制主要有燃烧前控制、燃烧中控制和燃烧后控制三类。燃烧前控制是指选用低氮燃料，但成本很高，工程应用较少；燃烧中控制是指改进燃烧方式和生产工艺，采用低NO_x燃烧技术，降低炉内NO_x的生成量，该方法费用低，但由于炉内低氮燃烧技术的局限性，NO_x的控制效果不能令人满意；燃烧后控制是指在烟道尾部加装脱硝装置，将烟气中NO_x的转变为无害或有用的肥料，烟气脱硝的NO_x脱除率高，运行简单，已成为燃煤机组控制NO_x排放的主要方式。

烟气脱硝技术主要有选择性催化还原法（SCR）、非选择性催化还原法（SNCR）等。由于SCR脱硝效率高达90%以上，运行可靠，是目前国内外应用最多且最为成熟的烟气脱硝技术。

（一）SCR脱硝系统流程

SCR脱硝系统安装在锅炉省煤器之后的烟道上，一般由氨储存系统、氨/空气喷雾系统、催化反应器系统、省煤器旁路、SCR烟气旁路、检测控制系统等组成。液氨先由液氨罐车运送到液氨储罐，输出的液氨经蒸发器蒸发成氨气，再将其加热到常温后送入氨缓冲槽中备用。运行时，将缓冲槽的氨气减压后送入氨/空气混合器中，与空气混合后进入烟道内的喷氨格栅，喷入烟道后与烟气充分混合，继而进入到SCR反应器中。图1-8-1为典型火电厂烟气SCR脱硝系统流程图。

资源库 22_SCR
脱硝系统流程

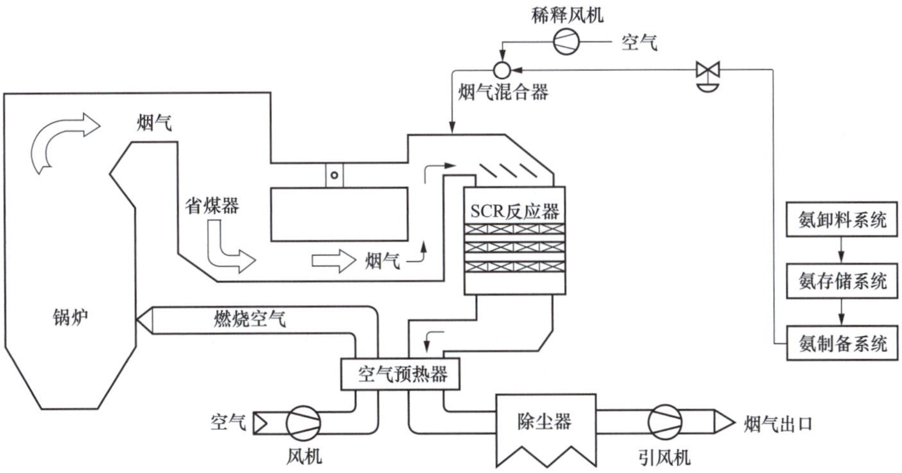

图1-8-1　典型火电厂烟气SCR脱硝系统流程图

（二）SCR脱硝工艺

液氨由槽车运送至液氨储罐，液氨储罐输出的液氨在蒸发器内蒸发为氨气，氨气经加热至常温后送至缓冲罐备用。氨气缓冲罐中的氨气经调压阀减压后，与稀释风机送来的空气混合成氨气体积含量为5%的混合气体，通过喷氨格栅的喷嘴喷入烟气中，然后氨气与NO_x在催化剂的作用下发生氧化还原反应，生成无毒无污染的N_2和H_2O。

资源库 23_SCR
脱硝工艺

四、完成任务

严格按规范巡检程序完成脱硝系统设备的启动前检查与运行中的巡检工作。脱硝系统巡检卡见表1-8-1。

表1-8-1　　脱硝系统巡检卡

检查任务：脱硝系统巡检			编号：
发令人：　　时间：		受令人：　　时间：	
检查开始时间：		检查结束时间：	
设备	序号	巡检标准	检查结果
脱硝系统启动前的检查	1	SCR系统检修工作结束，工作票注销，周围无动火作业	
	2	SCR系统各设备连接良好，阀门位置正确，系统无泄漏	
	3	吹灰蒸汽汽源正常，SCR系统吹灰器备用正常	
	4	稀释风机连接牢固，电机接线完好	
	5	SCR系统连锁保护试验正常，烟气分析仪、流量计等热工仪表投入正常	
	6	喷氨系统调试结束，氨气流量调节阀动作正常，氨气流量分配调试完毕，各喷氨分支管道上的手动调节挡板在设定开度	
	7	SCR系统烟气压力、压差、温度测量装置完好并投入，DCS热工信号显示正确，系统无报警	
	8	氨气蒸发系统具备投运条件，液氨储存量充足；SCR干燥剂层进、出口压差<240Pa，反应器入口温度为310～420℃。	
脱硝系统运行监视及调整内容	1	监视气氨和稀释空气混合后注入烟道氨浓度不超过5%，防止氨气爆炸	
	2	监视反应器入口烟温应在310～420℃范围内，否则应停止喷氨，退出脱硝系统	
	3	监视SCR干燥剂层出入口压差<240Pa（两层催化剂），否则应及时投入吹灰系统	
	4	监视反应器出口NO_x浓度（6%含氧量，干烟气）≤50mg/m^3（标准状态下），脱硝效率≥85%，SCR出口NH_3逃逸率≤3mg/m^3，氨空混合器出口温度不得低于0℃	
	5	当反应器入口烟气中的NO_x含量及负荷变化时应及时调整，使各参数在正常范围	
	6	脱硝运行中，若SCR出口NO_x显示值无变化或明显不准，则应及时联系检修处理，暂停喷氨	
	7	运行中应经常检查各膨胀节、人孔、检查孔是否有泄漏痕迹，若有应及时联系处理	
	8	注意检查系统有无泄漏，监视人员应注意监视脱硝DCS画面是否有氨泄漏报警，就地检查应注意有无刺鼻的氨味	
	9	喷氨格栅前的氨气分配手动节流阀一经试验确定开度就应保持不变	

五、评价

登录330MW亚临界机组仿真系统，根据工作任务的完成情况，对照评价项目和技术标准规范，逐项评价，确定技能水平和改进的要求。脱硝系统巡检评价表见表1-8-2。

表1-8-2　脱硝系统巡检评价表

内容		评价	
学习目标	评价项目	个人评价	教师评价
知识目标	掌握脱硝系统工作原理、流程及设备结构		
	能正确进行设备及系统启动前的全面检查和就地启动条件的确认及操作		
	掌握脱硝系统及设备正常运行中的巡检项目、标准、要求及方法		
技能目标	能正确进行脱硝系统启动前的全面检查和正常运行中的监视与调整		
	掌握脱硝系统及设备正常运行中的巡检项目、标准、要求及方法		
素质目标	沟通能力		
	团队合作能力		
	突发事件处理能力		
改进要求			

六、课后练习

(1) 简述脱硝系统工作原理及系统流程。

(2) 简述以液氨和尿素为还原剂的制氨工艺。

(3) 简述脱硝系统巡检的程序、规范和要求。

(4) 在仿真系统上练习脱硝系统的巡检操作。

工作任务九　除尘器系统巡检

一、任务描述

把粉尘从烟气中分离出来的设备叫除尘器或除尘设备，其作用是将燃煤锅炉排放烟气中的颗粒烟尘清除，以降低排入大气层中的烟尘量。火电厂使用的除尘器种类很多，按分离、捕集的作用原理，可分为机械除尘器、洗涤除尘器、袋式除尘器、声波除尘器、静电除尘器（通常简称电除尘器）。

以电除尘器为例，除尘器系统的巡检包括电除尘器投运前的检查和正常运行中的巡检。

二、任务分析

(一) 电除尘器投运前的检查

(1) 检修工作应全部结束，工作票全部终结，所有临时安全措施应拆除。

(2) 检查变压器、加热器是否完好，温度继电器上下限位置是否正确，变压器油位是否正常，是否漏油，按规定可靠接地，接地电阻小于2Ω。

（3）高压隔离开关操作应灵活，打到运行位置。

（4）检查振打减速机油位是否正常，启动后观察转向正确与否，注意无异声、振打点正中，锤头无松动，位置正常后，停止运行，检查瓷轴、高压穿墙套管等绝缘件表面是否干净，有无裂纹。

（5）确认电除尘器内部无人，人孔门关闭。

（6）检查电源电压是否正常，各整流柜、低压柜、输灰控制柜、指示灯、信号灯正常，开关位置在断开位置，各熔断器完好。

（7）电场整流变、电缆电机绝缘要符合要求，各接地装置完好，接地电阻符合要求。

（8）检查输灰系统是否正常，压缩空气压力是否正常，输灰管道阀门开关应正确。

（二）电除尘器正常运行中的巡检

（1）每小时对电除尘器一次电流及电压、二次电流及电压、空压机运行数据进行记录，发现异常情况找出原因，排除故障。

（2）每班应对变压器、振打装置巡检一次，空压机排放凝结水两次。

（3）每班除监视加热、振打、仓泵及各运行指示灯外，还应巡检空压机、干燥机、仓泵运行状况，发现异常应分析原因，及早排除。

（4）整流变压器运行声音正常，无杂音、无漏油。

（5）整流变压器两端部引线接触部分无发热现象。

（6）通风良好，照明充足，消防器材齐全。

（7）高压隔离开关位置正确，无打火现象。

（8）阻尼电阻完整无损，无放电现象。

（9）油位正常，油温不得超过 80℃。

（10）振打就地控制盘完好，开关位置在遥控位置，振打在就地不受程序控制，只要电源接通就连续运转。

（11）振打装置油位正常，无漏油，无异声。振打声音正常，如无振打声，则应加强巡检、监视电场变化情况，如形势恶化则停电场、停炉后，进入电场检查处理。

三、相关知识

火电厂粉尘的成分十分复杂，各种粉尘均不相同。其化学成分主要为 SiO_2、Al_2O_3、FeO、Fe_2O_3、CaO、MgO、H_2O、SO_3等氧化物，是煤粉炉排量较大的工业废渣之一，若排放不当，其中的有毒化学物质还会对人和其他生物造成危害。

火电厂经烟气排往大气中的粉尘的主要特性有形状、粒径、密度、比表面积四大特征，还具有磨损性、荷电性、浸润性、黏附性及爆炸性等重要性质。

（一）袋式除尘器

1. 袋式除尘器工作原理

含尘气体由导流管进入各单元灰斗，在灰斗导流系统的引导下，大颗粒粉尘分离后直接落入灰斗、其余粉尘随气流进入中箱体过滤区，过滤后的洁净气体透过滤袋经上箱体、提升阀、排风管排出。随着过滤工况的进行，当滤袋表面积灰达到一定量时，由清灰控制装置按设定程序关闭提升阀，控制当前单元离线，并打开电磁脉冲阀喷吹，抖落滤袋上的粉尘。落入灰斗中的粉尘借助气力输送系统送出。

资源库 24_袋式除尘器

2. 袋式除尘器结构类型

袋式除尘器结构由上箱体、中箱体、灰斗、导流板、支架、滤袋组件、喷吹装置、离线阀、旁路系统、检测及控制系统等组成。袋式除尘器类型很多，按照清灰方式分为机械振动式、逆气流清灰、脉冲喷吹清灰；按滤袋形状分为圆形袋式（圆筒形）式与扁带式（梯形及平板形）；按气体入口位置分为下进风式和上进风式；按过滤方式分为外滤式和内滤式；按除尘器内的压力可以分为正压式和负压式，或者称为压入式或吸入式。

（二）电除尘器

1. 电除尘器的工作原理

资源库 25_电除尘器

在两个曲率半径相差较大的金属阳极（集尘级）和阴极（放电极）上，通以高压直流电，维持一个足以使气体电离的静电场。气体电离后所产生的电子、阴离子和阳离子，吸附在通过电场的粉尘上，从而使粉尘获得电荷（粉尘荷电）。荷电粉尘在电场力的作用下，便向与其电极性相反的电极运动，而沉积在电极上以达到粉尘和气体分离的目的。

2. 电除尘器的结构

电除尘器主要由两大部分组成：一部分是电除尘器本体（机械部分），包括如下主要部件：进气烟箱、出气烟箱、阴极系统、阳极系统、槽板系统、储灰系统、壳体、管路系统、保温及护壳、梯子及平台、钢支柱、卸灰平台、顶部起吊装置、顶部防雨棚等，烟气在本体内完成净化过程，如图 1-9-1 所示。另一部分是产生高压直流电的高压电源装置和维持电除尘器正常运行必不可少的低压控制系统（称为电气部分）。

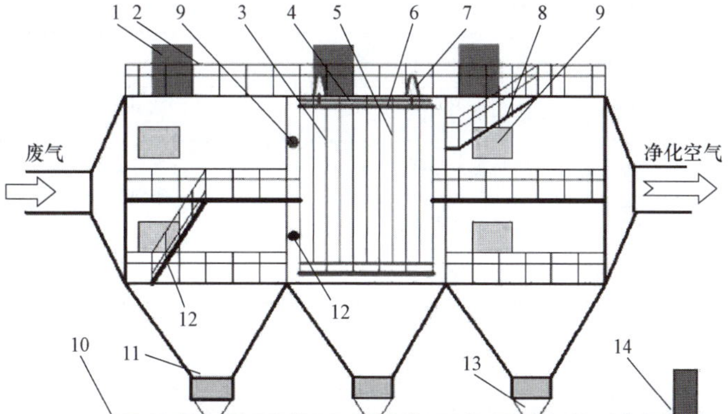

图 1-9-1　电除尘器结构简图

1—硅整流变压器；2—栏杆；3—阴极线；4—阳极框架；5—阳极板；6—阴极框架；7—高压陶瓷套管；8—楼梯；9—阴极振打；10—电机及减速机；11—灰斗；12—阳极振打；13—卸灰阀；14—皮带

四、 完成任务

严格按规范巡检程序完成除尘系统设备的启动前检查与运行中的巡检工作（以电除尘器为例）。除尘系统巡检卡见表1-9-1。

表1-9-1　　除尘系统巡检卡

<table>
<tr><td colspan="3">检查任务：除尘系统巡检</td><td>编号：</td></tr>
<tr><td colspan="3">发令人：　　　　时间：</td><td>受令人：　　　　时间：</td></tr>
<tr><td colspan="3">检查开始时间：</td><td>检查结束时间：</td></tr>
<tr><td>设备</td><td>序号</td><td>巡检标准</td><td>检查结果</td></tr>
<tr><td rowspan="8">电除尘系统启动前的检查</td><td>1</td><td>检修工作全部结束，工作票全部终结，所有临时安全措施应拆除</td><td></td></tr>
<tr><td>2</td><td>检查变压器、加热器是否完好，温度继电器上下限位置正确，变压器油位正常，是否漏油，按规定可靠接地，接地电阻小于2Ω</td><td></td></tr>
<tr><td>3</td><td>高压隔离开关操作灵活，打到运行位置</td><td></td></tr>
<tr><td>4</td><td>检查振打减速机油位是否正常，启动后观察转向正确与否，注意无异声、振打点正中，锤头无松动，位置正常后，停止运行，检查瓷轴、高压穿墙套管等绝缘件表面是否干净，有无裂纹</td><td></td></tr>
<tr><td>5</td><td>确认电除尘器内部无人，人孔门关闭</td><td></td></tr>
<tr><td>6</td><td>检查电源电压是否正常，各整流柜、低压柜、输灰控制柜、指示灯、信号灯正常，开关位置在断开位置，各熔断器完好</td><td></td></tr>
<tr><td>7</td><td>电场整流变、电缆电机绝缘要符合要求，各接地装置完好，接地电阻符合要求</td><td></td></tr>
<tr><td>8</td><td>检查输灰系统是否正常，压缩空气压力是否正常，输灰管道阀门开关正确</td><td></td></tr>
<tr><td rowspan="11">电除尘系统运行中的巡检</td><td>1</td><td>每小时对电除尘器一次电流、电压、二次电流电压、空压机运行数据进行记录，发现异常情况找出原因，排除故障</td><td></td></tr>
<tr><td>2</td><td>每班对变压器、振打巡检一次，空压机排放凝结水两次</td><td></td></tr>
<tr><td>3</td><td>每班除监视加热、振打、仓泵及各运行指示灯外，还应巡检，检查空压机、干燥机、仓泵运行状况，发现异常分析原因，及早排除</td><td></td></tr>
<tr><td>4</td><td>整流变压器运行声音正常，无杂音、无漏油</td><td></td></tr>
<tr><td>5</td><td>整流变压器两端部引线接触部分无发热现象</td><td></td></tr>
<tr><td>6</td><td>通风良好，照明充足，消防器材齐全</td><td></td></tr>
<tr><td>7</td><td>高压隔离开关位置正确，无打火现象</td><td></td></tr>
<tr><td>8</td><td>阻尼电阻完整无损，无放电现象</td><td></td></tr>
<tr><td>9</td><td>油位正常，油温不得超过80℃</td><td></td></tr>
<tr><td>10</td><td>振打就地控制盘完好，开关位置在遥控位置，振打在就地不受程序控制，只要电源接通就连续运转</td><td></td></tr>
<tr><td>11</td><td>振打装置油位正常，无漏油，无异声。振打声音正常，如无振打声，则应加强巡检、监视电场变化情况，如形势恶化则停电场、停炉后处理。进入电场检查处理</td><td></td></tr>
</table>

五、评价

对照评价项目和技术标准规范，逐项评价，确定技能水平和改进的要求。除尘系统巡检评价表见表1-9-2。

表1-9-2　除尘系统巡检评价表

内容		评价	
学习目标	评价项目	个人评价	教师评价
知识目标	掌握除尘系统工作原理、流程及设备结构		
	能正确进行设备及系统启动前的全面检查和启动条件的确认及操作		
	掌握除尘系统及设备正常运行中的巡检项目、标准、要求及方法		
技能目标	能正确进行除尘系统启动前的全面检查和正常运行中的监视与调整		
	掌握除尘系统及设备正常运行中的巡检项目、标准、要求及方法		
素质目标	沟通能力		
	团队合作能力		
	突发事件处理能力		
改进要求			

六、课后练习

(1) 简述布袋除尘器的工作原理。

(2) 简述电除尘器的工作原理及结构。

(3) 简述除尘系统巡检的程序、规范和要求。

(4) 在仿真系统上练习除尘系统的巡检操作。

工作任务十　汽水系统及直流锅炉启动系统

汽水系统是锅炉的一个主要系统，可以进一步划分为给水系统、主蒸汽系统、炉内外水循环系统、主/再热蒸汽管道系统、疏放水系统和排污系统。

一、任务描述

通过对锅炉汽水系统的日常巡检，掌握设备运行状况的变化，发现设施缺陷和危及安全的隐患，及时采取有效措施，保证汽水系统设备的安全和系统稳定。巡检对象包括锅炉四大管道、减温器、水冷壁、过热器、再热器等。

二、任务分析

下面以660MW超超临界机组仿真系统为例介绍汽水系统日常运行的主要检查项目。

(一) 包覆过热器检查项目

(1) 密封装置完好。

（2）包覆过热器无泄漏，无漏烟，无泄漏声音。

（3）刚性梁完好，螺栓完整，连接牢固。

（4）保温完好、无脱落。

（5）烟温、压力、壁温测点接线完好。

（二）锅炉 PCV 阀

（1）PCV 阀本体完好无泄漏。

（2）PCV 阀控制部分接线完好，控制器工作正常。

（三）主、再热蒸汽管道和给水管道

（1）无泄漏，保温完好。

（2）过、再热器安全门结构完整、无泄漏，排汽管无泄漏。

（3）压力温度测点表管无泄漏，接线完好。

（4）就地压力表指示正确。

（5）支吊架良好、无变形、牢固、膨胀指示有足够的余量、吊杆受力符合设计要求、支吊架弹簧受力均匀。

（6）压力、温度、流量、取样测点完整。

（7）汽、水系统管道上各阀门完整，开关灵活。

（8）电动、气动执行机构良好，连杆无松动弯曲现象，连接销完整、牢固，开度指示与实际相符。

（四）过热器及再热器

（1）无漏汽，无漏烟。

（2）无泄漏声音。

（五）汽水分离器及储水罐

（1）支吊架完整，吊杆不松动，受力均匀。

（2）连接管道无泄漏。

（3）分离器、储水罐本体无漏汽、无漏水。

（4）保温完好，无脱落。

（5）压力表表管完整，压力、温度测点接线完好。

（6）储水罐平衡容器完好，管道完好，压力变送器完好、正常。

三、相关知识

（一）锅炉型式

1. 自然循环锅炉

自然循环原理如图 1－10－1 所示。

蒸发设备由不受热的下降管、受热的蒸发管、联箱和汽包组成，它们连接成一个闭合的蒸发系统。给水经给水泵流入省煤器，受热后进入蒸发系统。当水在蒸发管中受热时，部分水变成蒸汽。故蒸发管内工质为汽水混合物，而不受热的下降管内工质为单相的水。由于水的密度大于汽水混合物的密度，故在联箱的两侧有不平衡的压力差，借以推动工质在蒸发系统中循环流动。这种循环流动是由于下降管与蒸发管内工质的密度差而形成的，故称为自然循环。

在自然循环锅炉中，首先是给水被加热到饱和温度，其次是饱和水的蒸发汽化，最后是饱和蒸汽的过热。加热给水的受热面称为省煤器。饱和水转变为饱和蒸汽的受热面称为蒸发受热面，在炉内水冷壁中完成。饱和蒸汽加热为过热蒸汽的受热面称为过热器，温度由高至低可分为高温过热器和低温过热器。依水、汽的流动方向，从给水管道开始，经省煤器、汽包（下部水侧）、下降管、水冷壁及其引出管、汽包（上部汽侧）和过热器，至过热蒸汽出口为止。对于具有蒸汽再热的锅炉机组，汽水系统还包括再热器。再热器的作用是把在汽轮机高压缸中做过功的蒸汽再次加热到较高的温度，重新返回汽轮机做功。

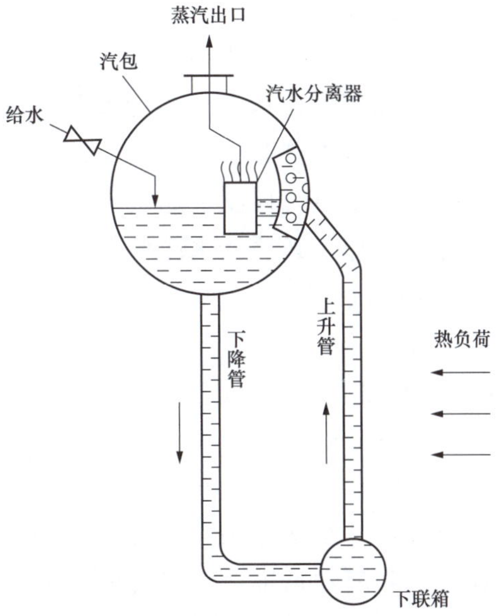

图 1-10-1　自然循环原理

资源库 26_自然循环原理

2. 直流锅炉

在直流锅炉中，给水由给水泵压送，经省煤器加热后，流经蒸发受热面，在其中全部蒸发汽化为蒸汽，所以循环倍率 $K=1$。然后蒸汽在过热器中进一步加热为过热蒸汽。直流锅炉在省煤器、蒸发受热面和过热器之间没有固定不变的分界点，沿工质整个行程的流动阻力由给水泵的压头来克服。

资源库 27_直流锅炉原理

超临界和超超临界压力直流锅炉普遍采用滑压运行方式，其特点是当机组处于某一特定负荷（一般为 90%额定负荷）至最大负荷范围内，机组以固定设计的压力运行。当机组低于这个特定负荷，直至最低直流运行负荷（一般为额定负荷的 25%～30%）的范围内，工质压力随负荷同方向变化，并在（60%～80%）额定负荷的某一个负荷下进入低于临界压力的范围。当超临界压力机组在较低的负荷和压力下运行时，水冷壁蒸发受热面出口的工质为汽水混合物，因此需要装设起类似于汽包作用的汽水分离器。

（二）汽水系统主要设备

1. 水冷壁

锅炉的蒸发受热面主要由炉膛四周的水冷壁管组成。水冷壁由水循环回路的上升管组成，是锅炉的主要辐射受热面，同时具有保

资源库 28_直流锅炉汽水系统流程

护和减轻炉墙的功能。对于超临界压力锅炉，通常整个炉膛的水冷壁分为下组管屏和上组管屏。下组管屏有垂直管屏和螺旋管屏两种，水在管内吸收热量蒸发汽化。上组水冷壁管为垂直管屏，汽化后的水继续吸收热量成为过热蒸汽。当水在水冷壁管内流动时，受到炉内燃料燃烧传递给水冷壁管的热量，使水加热而蒸发汽化。锅炉蒸发受热面正常可靠运行，在很大程度上取决于水冷壁管子的冷却情况，为保证可靠的管壁冷却，必须使水冷壁管内壁有一层连续的水膜流过，使管壁温度保持在允许范围内。

资源库 29_直流锅炉水冷壁系统

2. 过热器和再热器

过热器把饱和蒸汽加热为具有一定过热度的蒸汽，称为过热蒸汽；再热器把从汽轮机高压缸排汽再次加热，称为再热蒸汽。

资源库 30_过热器及再热器结构

在大型电站锅炉中通常采用多级布置的过热器系统。按过热器在锅炉布置中所处的位置及结构分为在炉膛壁面的墙式过热器；在炉膛上部不同位置的分隔屏和后屏；在对流烟道中的垂直式过热器和水平式过热器；构成水平烟道和尾部烟井的包墙过热器。再热器一般布置在烟温稍低的区域。

3. 省煤器

省煤器是利用锅炉尾部烟气的热量来加热水的热交换装置，常称为尾部受热面或低温受热面。由于给水进入锅炉蒸发受热面之前，先在省煤器中加热，减少了水在蒸发受热面内的吸热量，因此可采用省煤器取代部分蒸发受热面。

资源库 31_省煤器结构

4. 汽包

汽包也称锅筒，是自然循环和强制循环锅炉最重要的承压元件，横置于炉外顶部，不受火焰和烟气的加热，并施以保温。

汽包接受省煤器来的给水，与下降管、水冷壁等连接组成蒸发系统，并向过热器输送饱和蒸汽，是加热、蒸发、过热三个过程的连接枢纽和大致分界点。汽包中存有一定量的汽和水，在负荷变化时，能起到蓄热器和蓄水器的作用，有利于锅炉运行调节；汽包内装有汽水分离装置、蒸汽清洗装置、排污装置、锅内加药装置等，可以提高蒸汽品质；汽包上装有压力表、水位计和安全阀等附件，汽包内还装有事故放水装置等，用来保证锅炉安全运行。

资源库 32_汽包结构及原理

（三）直流锅炉的启动系统

1. 超临界压力直流锅炉启动系统

超临界压力直流锅炉启动系统主要包括除氧器、给水泵、高压加热器（简称高加）、启动分离器、大气式扩容器、疏水回收箱、疏水回收泵、凝汽器等。

图 1-10-2 为某 600MW 超临界压力机组直流锅炉启动系统简图。锅炉为超临界压力一次再热、螺旋管圈、变压运行直流锅炉。

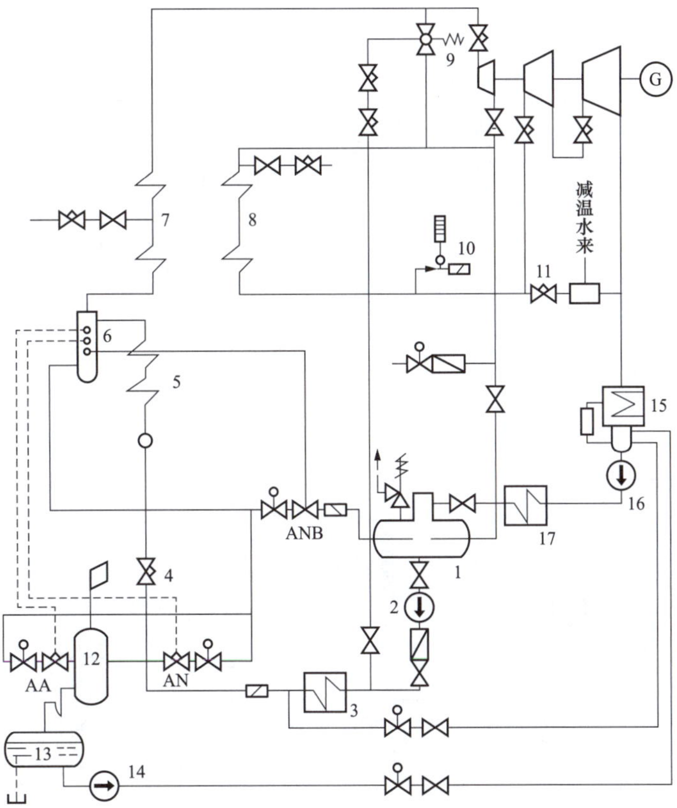

图 1-10-2　超临界压力直流锅炉启动系统

1—除氧器水箱；2—给水泵；3—高压加热器；4—给水调节阀；5—省煤器、水冷壁；6—启动分离器；7—过热器；8—再热器；9—高压旁路阀；10—再热器安全阀；11—低压旁路阀；12—大气扩容器；13—疏水箱；14—疏水泵；15—凝汽器；16—凝结水泵；17—低压加热器

冷态、温态启动过程中当水质不合格时，可将进入启动分离器的疏水通过 AA 阀排至大气式疏水扩容器。AA 阀控制启动分离器的水位使之不超过最高水位，以防止启动分离器满水以致水冲入过热器，危及过热器甚至汽轮机的安全。AN 阀辅助 AA 阀排放启动分离器的疏水；当 AA 阀关闭后，由 AN 和 ANB 阀共同排除启动分离器疏水，并控制启动分离器水位。利用 ANB 阀回收工质和热量，即使在冷态启动工况下，只要水质合格和满足 ANB 阀的开启条件，即可通过 ANB 阀疏水进入除氧器水箱。ANB 阀保持启动分离器的最低水位。

该启动系统适用于带基本负荷，允许辅机故障带部分负荷和电网故障带厂用电运行。由于采用大气扩容器，如果经常频繁启停及长期极低负荷运行，将有较大的热损失和凝结水损失。

2. *超超临界压力直流锅炉启动系统*

超超临界压力直流锅炉启动系统包括启动分离器、储水罐、储水罐水位控制阀（361 阀）、再循环泵（BCP）及流量调节阀（360 阀）、疏水扩容器、疏水箱、疏水泵等组成。该系统为循环泵与给水泵并联系统，如图 1-10-3 所示。启动分离器布置在炉前，垂直水冷壁混合联箱出口，采用旋风分离形式，承受锅炉运行的压力。

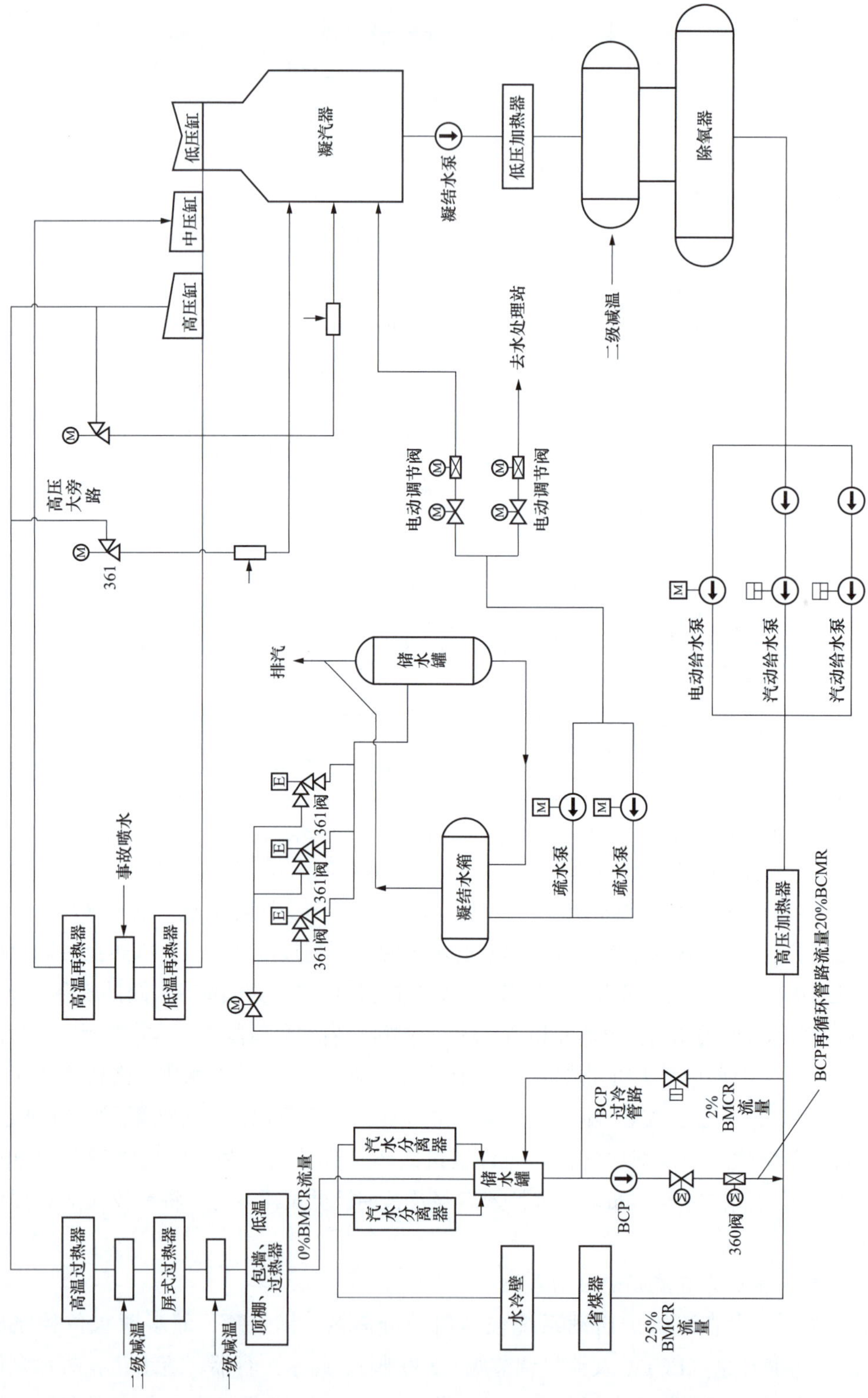

图 1－10－3　超超临界压力直流锅炉启动系统示意

在锅炉冷态启动过程中，进入直流运行状态之前，锅炉启动系统运行主要是对储水罐水位控制，如图1-10-4所示。控制分两个阶段，当蒸汽量达到7%MCR之前，储水罐水位靠启动分离器361阀控制，见图1-10-4（b）；关闭361阀后，储水罐水位靠锅炉循环水360阀控制，见图1-10-4（a）。期间省煤器入口给水流量由循环泵和给水泵协调配合满足运行要求，360阀关闭后，停运循环泵，锅炉进入直流运行状态，给水全部由给水泵提供，锅炉进入水煤比控制状态。

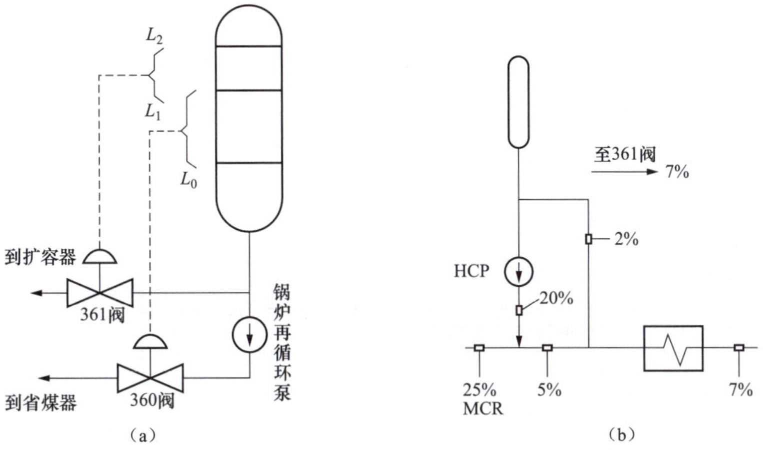

图1-10-4　启动系统运行控制

（a）启动系统的运行控制（储水罐处于低水位段）；（b）启动系统的运行控制（储水罐处于高水位段）

四、完成任务

登录660MW超超临界机组或330MW亚临界机组或350MW超临界循环流化床机组系统平台，严格按规范巡检程序完成锅炉汽水系统的巡检工作。锅炉汽水系统及直流锅炉启动系统（以660MW超超临界机组仿真系统为例）检查卡见表1-10-1。

表1-10-1　　锅炉汽水系统及直流锅炉启动系统检查卡

检查任务：锅炉汽水系统检查			编号：
发令人：　　时间：		受令人：　　时间：	
检查开始时间：		检查结束时间：	
系统	序号	巡检标准	检查结果
包覆过热器	1	密封装置完好	
	2	包覆过热器无泄漏，无漏烟，无泄漏声音	
	3	刚性梁完好，螺栓完整，连接牢固	
	4	保温完好，无脱落	
	5	烟温、压力、壁温测点接线完好	
PCV阀	1	PCV阀本体完好无泄漏	
	2	PCV阀控制部分接线完好，控制器工作正常	

续表

系统	序号	巡检标准	检查结果
主再热蒸汽管道给水管道	1	无泄漏，保温完好	
	2	过再热器安全门结构完整且无泄漏，排汽管无泄漏	
	3	压力温度测点表管无泄漏，接线完好	
	4	就地压力表指示正确	
	5	支吊架良好、无变形、牢固，膨胀指示有足够的余量，吊杆受力符合设计要求，支吊架弹簧受力均匀	
	6	汽、水系统管道上各阀门完整，开关灵活	
	7	电动、气动执行机构良好，连杆无松动、弯曲现象，连接销完整、牢固，开度指示与实际相符	
	8	压力、温度、流量、取样测点完整	
过热器及再热器	1	无漏汽，无漏烟	
	2	无泄漏声音	
汽水分离器及储水罐	1	支吊架完整，吊杆不松动，受力均匀	
	2	连接管道无泄漏	
	3	分离器、储水罐本体无漏汽，无漏水	
	4	保温完好，无脱漏	
	5	压力表表管完整，压力、温度测点接线完好	
	6	储水罐平衡容器完好，管道完好，压力变送器完好正常	

五、评价

根据工作任务的完成情况，对照评价项目和技术标准规范，逐项评价，确定技能水平和改进的要求。汽水系统及直流锅炉启动系统巡检评价表见表 1-10-2。

表 1-10-2　　汽水系统及直流锅炉启动系统巡检评价表

内容		评价	
学习目标	评价项目	个人评价	教师评价
知识目标	掌握汽水系统流程		
	掌握直流锅炉启动系统流程		
	掌握汽水系统及直流锅炉启动系统正常运行中的巡检项目、标准、要求及方法		
技能目标	能正确进行汽水系统的全面检查		
	掌握汽水系统及设备正常运行中的巡检项目、标准、要求及方法		
素质目标	沟通能力		
	团队合作能力		
	突发事件处理能力		
改进要求			

六、课后练习

(1) 简述自然循环锅炉原理。

(2) 简述直流锅炉工作原理。

(3) 简述直流锅炉启动系统流程。

(4) 在仿真系统上练习汽水系统及直流锅炉启动系统的巡检操作。

工作任务十一　循环流化床锅炉石灰石系统巡检

一、任务描述

循环流化床锅炉是根据其燃烧系统的特点而命名的，循环指离开炉膛的燃料可以被重新送回炉内循环燃烧，以提高燃烧效率；流化床指炉内燃料处在流化状态下燃烧。

向循环流化床锅炉内直接加入石灰石、白云石等脱硫剂，可以脱去燃料在燃烧过程中生成的二氧化硫。根据燃料中含硫量的大小确定加入的脱硫剂量，可达到90%的脱硫效率。

循环流化床锅炉石灰石系统巡检项目包括启动前检查和正常运行中的巡检。

二、任务分析

(一) 石灰石系统启动前的检查

(1) 检查石灰石输送风机、气力输送泵、布袋除尘器、压力释放阀、振打器、输送空压机等旋转机械及设备具备投运条件。

(2) 系统附属设备及连接阀门、管道安装完毕，经检验合格，符合相关技术规范。

(3) 所有阀门应开关灵活，严密不漏；所有电动门及气动门应能在控制室内进行操作，系统及气动挡板所需气源已接通并能投入运行。

(4) 所有设备已挂牌，标识清楚。

(5) 相关热工测点信号和显示表计校验合格，可投入。

(6) 连锁保护、报警、事故按钮等试验合格。

(7) 系统及其各附件符合启动条件。

(8) 石灰石库、石灰石仓、仓泵等附属设备及管道清理干净。

(9) 现场清洁，照明充足。

(10) 高压物料输送罐车具备投运条件。

(二) 石灰石系统运行中的巡检

(1) 石灰石旋转给料阀、旋转给料机转动正常，无卡涩。

(2) 加入石灰石是否平缓，石灰石给料机无超负荷。

(3) 维持给料机正常吹扫风压。

(4) 检查石灰石风机入口滤网处的负压，当该处负压值过大时应该更换滤网。

(5) 检查压缩空气出口压力正常。

(6) 石灰石给料机与给料阀之间的缓冲仓与粉仓间的连通管道上的蝶阀一般不作调整。

（7）监视石灰石粉仓的负压应正常。

（8）粉仓内的料位不能过高或过低。

（9）定期检查粉仓的真空压力释放阀动作应正常。

（10）检查石灰石管道有无堵塞，严重时应通知检修处理。

三、 相关知识

（一）循环流化床锅炉的构成及工作过程（DG1150/25.4－Ⅱ1型超临界循环流化床锅炉）

资源库33_循环流化床锅炉的结构

资源库34_循环流化床锅炉的燃烧过程

循环流化床锅炉是由锅炉本体和辅助设备组成的。锅炉本体主要包括启动燃烧器、布风装置、炉膛、气固分离器、物料回送装置，以及布置有受热面的烟道，汽包、下降管、水冷壁、过热器、再热器、省煤器及空气预热器等。辅助设备包括送风机、引风机、返料风机、碎煤机、给煤机、冷渣器、除尘器及烟囱等。

燃料及石灰石脱硫剂经破碎机破碎至合适粒度后，由给煤机或给料机从流化床燃烧室布风板上部给入，与燃烧室内炽热的沸腾物料混合，被迅速加热，燃料迅速着火燃烧，石灰石则与燃料燃烧生成的SO_2反应生成$CaSO_4$，从而起到脱硫作用。控制燃烧室温度为850～950℃。在较高气流速度的作用下，燃烧充满整个炉膛，并有大量固体颗粒被携带出燃烧室，经气固分离器分离后，分离下来的物料通过物料回送装置重新返回炉膛继续参与燃烧。经分离器导出的高温烟气，在尾部烟道与对流受热面换热后，通过布袋除尘器或静电除尘器，由烟囱排出。图1－11－1为循环流化床锅炉系统示意。

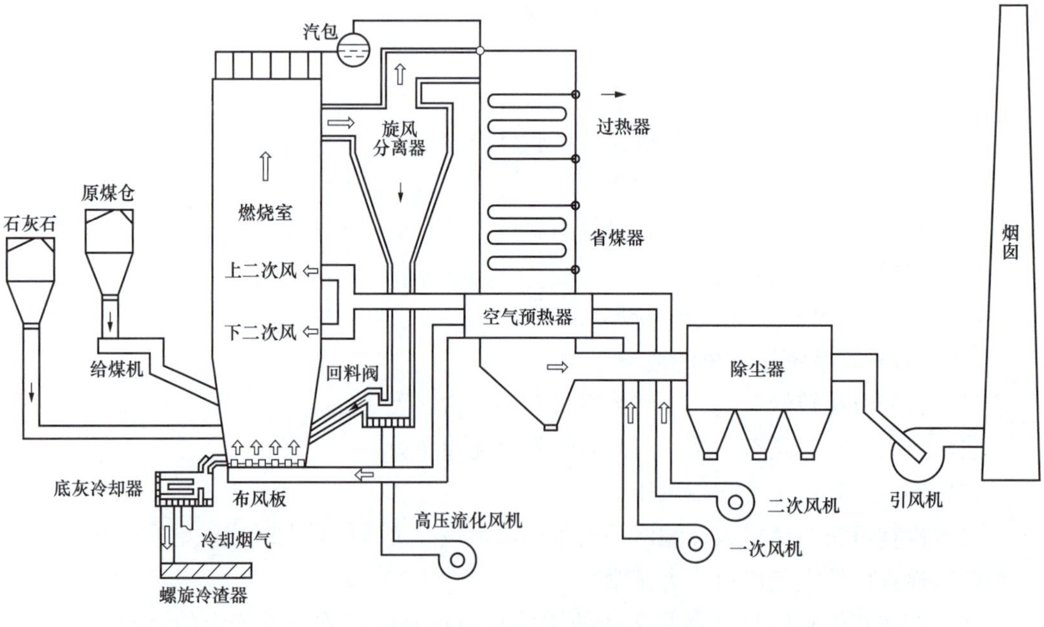

图1－11－1　循环流化床锅炉系统示意

燃烧系统工作的同时，工质进行着如下过程：给水经给水泵送入省煤器预热，再进入汽包，然后进入下降管和水冷壁被加热，汽水混合物又回到汽包并经汽水分离器，分离出的水继续进入下降管循环，分离出的饱和蒸汽经过热器升温后，通过主蒸汽管道送入汽轮机做功。

（二）循环流化床燃烧脱硫技术

循环流化床锅炉具有和煤粉炉相当的燃烧效率，由于其燃烧温度低，处于炉内脱硫的最佳阶段，因而在不需要增加设备和较低的运行费用下就能清洁地利用高硫煤。特别是烟气分离再循环技术的应用，相当于提高了脱硫剂在床内的停留时间，也提高了床内脱硫剂浓度。同时，床料与床壁间的碰撞使脱硫剂表面产生层变薄或使脱硫剂分裂，有效地增加了脱硫剂的反应比表面积，使脱硫剂的利用率得到相应的提高，循环流化床脱硫效率可达 90%以上。

流化床燃烧脱硫方式是在床层内加入石灰石（$CaCO_3$）或白云石（$CaCO_3 \cdot MgCO_3$）。石灰石在 800～850℃时热解生成 CaO 和 CO_2，然后 CaO 和 SO_2 反应生成 $CaSO_4$，达到脱硫的目的。在流化床燃烧过程中，石灰石吸热分解释出 CO_2，使其本身形成富含 CaO 的多孔固体颗粒，增加了反应表面和孔隙率，在高温下脱硫反应生成固态的 $CaSO_4$，随灰渣排出，成为生产水泥的原料。

加入流化床中的石灰石只有与烟气接触的外表面和孔隙内表面才能与 SO_2 发生反应。因此，决定脱硫率的既不是给料机送入的 CaO 的量，也不是床层内存留的 CaO 的量，而是床层内具有反应能力的 CaO 的量。

影响循环流化床脱硫率的因素很多，主要因素是床层温度、钙硫比和石灰石的粒度。此外，还有床层高度、流化速度、石灰石性能、机械强度、含水量、煤种、烟气含氧量等。这些因素的综合影响决定了脱硫效果，不同的情况，主导因素也不同。

四、 完成任务

登录 350MW 超临界循环流化床机组或 300MW 亚临界循环流化床机组系统平台，严格按规范巡检程序完成循环流化床锅炉石灰石系统设备的巡检工作。循环流化床锅炉石灰石系统（以 350MW 超临界循环流化床机组仿真系统为例）检查卡见表 1-11-1。

表 1-11-1　　循环流化床锅炉石灰石系统检查卡

<table>
<tr><td colspan="3">检查任务：循环流化床锅炉石灰石系统检查</td><td>编号：</td></tr>
<tr><td colspan="3">发令人：　　　　时间：　　　　受令人：　　　　时间：</td><td></td></tr>
<tr><td colspan="3">检查开始时间：　　　　检查结束时间：</td><td></td></tr>
<tr><td>系统</td><td>序号</td><td>巡 检 标 准</td><td>检查结果</td></tr>
<tr><td rowspan="3">系统启动前的检查</td><td>1</td><td>检查石灰石输送风机、气力输送泵、布袋除尘器、压力释放阀、振打器、输送空压机等设备具备投运条件</td><td></td></tr>
<tr><td>2</td><td>系统附属设备及连接阀门、管道安装完毕，经检验合格，符合相关技术规范</td><td></td></tr>
<tr><td>3</td><td>所有阀门应开关灵活，严密不漏；所有电动门及气动门应能在控制室内进行操作，系统及气动挡板所需气源已接通并能投入运行</td><td></td></tr>
</table>

续表

系统	序号	巡检标准	检查结果
系统启动前的检查	4	所有设备已挂牌，标识清楚	
	5	相关热工测点信号和显示表计校验合格，可投入	
	6	连锁保护、报警、事故按钮等试验合格	
	7	系统及其各附件符合启动条件	
	8	石灰石库、石灰石仓、仓泵等附属设备及管道清理干净	
	9	现场清洁，照明充足	
	10	高压物料输送罐车具备投运条件	
运行中的检查与监视	1	石灰石旋转给料阀、旋转给料机转动正常，无卡涩	
	2	加入石灰石是否平缓，石灰石给料机无超负荷	
	3	维持给料机正常吹扫风压	
	4	检查石灰石风机入口滤网处的负压，当该处负压值过大时应该更换滤网	
	5	检查压缩空气出口压力正常	
	6	石灰石给料机与给料阀之间的缓冲仓与粉仓间的连通管道上的蝶阀一般不作调整	
	7	监视石灰石粉仓的负压正常	
	8	粉仓内的料位不能过高或过低	
	9	定期检查粉仓的真空压力释放阀动作正常	
	10	检查石灰石管道有无堵塞，严重时应通知检修处理	

五、评价

根据工作任务的完成情况，对照评价项目和技术标准规范，逐项评价，确定技能水平和改进的要求。循环流化床锅炉石灰石系统巡检评价表见表 1-11-2。

表 1-11-2　　循环流化床锅炉石灰石系统巡检评价表

内容		评价	
学习目标	评价项目	个人评价	教师评价
知识目标	掌握循环流化床锅炉脱硫原理		
	掌握石灰石系统流程		
	掌握石灰石系统启动和正常运行中的巡检项目、标准、要求及方法		
技能目标	能正确进行石灰石系统的全面检查		
	掌握石灰石系统及设备正常运行中的巡检项目、标准、要求及方法		
素质目标	沟通能力		
	团队合作能力		
	突发事件处理能力		
改进要求			

六、 课后练习

（1）简述循环流化床锅炉工作原理。

（2）简述循环流化床锅炉脱硫原理。

（3）在仿真系统上练习循环流化床锅炉石灰石系统的巡检操作。

工作任务十二　循环流化床锅炉给煤系统巡检

一、 任务描述

给煤系统的正常运行是整个机组正常运行的保证，通过对给煤系统的日常巡检，掌握设备运行状况的变化，发现设施缺陷和危及安全的隐患，及时采取有效措施，保证机组稳定运行。巡检对象包括原煤仓、给煤机、播煤风机等。

二、 任务分析

（一）给煤系统启动前的检查

（1）检查工作票应终结，检修工作结束，现场清洁干净。

（2）给煤系统检查孔关闭、玻璃观察孔清晰、无破损。

（3）称重给煤机皮带无破损、偏离现象，给煤机内无异物。

（4）各电动门已送电，并且开关灵活、方向正确。

（5）称重给煤机密封风手动门已开启。

（6）给煤机落煤管播煤风门已开启。

（7）给煤机控制柜、电机正确送电，控制柜面板指示正确。

（8）清扫装置良好，将清扫电机切至自动（与给煤机同时启动）。

（9）给煤机连锁保护试验合格。

（10）相关各热工表计已投入。

（11）检查煤仓煤位正常。

（12）给煤机内照明完好，给煤机就地控制箱上信号正确，控制在“远方”位置。

（二）给煤系统正常运行中的巡检

（1）严密监视给煤机本体及落煤管温度，称重给煤机对应的落煤管烟气温度大于80℃时，联跳给煤机。

（2）注意断煤和堵煤信号及给煤量的变化。

（3）注意检查称重给煤机皮带运行正常，无跑偏现象。

（4）给煤系统无漏煤、漏风，轴承无漏油，电机温度正常，转动机械无卡涩、异声。

（5）调整一、二次风时，要注意密封风量、播煤风量的监视和调整。

三、 相关知识

给煤机主要组成：给煤机本体、电气控制系统、积算器等，如图 1－12－1 所示。当来自用户料仓或其他给料设备的物料通过给煤机的输送皮带时，称重桥架就会对其进行重量检测（载荷信号），同时测速传感器对皮带进行速度检测（速度信号），载荷信号及速度信号一同被送入积算器中进行处理并在积算器的面板上显示瞬时流量及累计量。积算器还可将实测的瞬时流量值与用户提供的设定流量值进行比较，并根据偏离大小输出相应的控制信号提供给变频器来改变主驱动减速电机转速，从而改变输送皮带速度，使给料量与用户设定值一致，完成恒定给料流量的控制。

资源库 35_电子称重式给煤机的结构

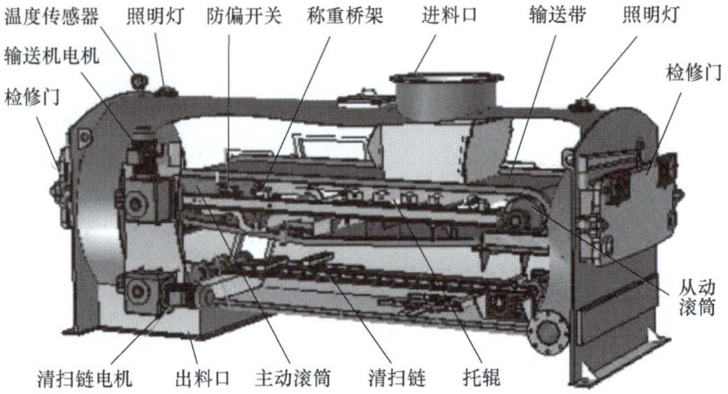

图 1－12－1　电子称重式给煤机

四、 完成任务

登录 350MW 超临界循环流化床机组或 300MW 亚临界循环流化床机组或 50MW 循环流化床热电联产机组系统平台，严格按规范巡检程序完成循环流化床锅炉给煤系统的巡检工作。循环流化床锅炉给煤系统（以 350MW 超临界循环流化床机组仿真系统为例）检查卡见表 1－12－1。

表 1－12－1　　循环流化床锅炉给煤系统检查卡

检查任务：循环流化床锅炉给煤系统检查			编号：
发令人：　　时间：		受令人：　　时间：	
检查开始时间：		检查结束时间：	
系统	序号	巡　检　标　准	检查结果
给煤系统启动前的检查	1	检查工作票终结，检修工作结束，现场清洁干净	
	2	给煤系统检查孔关闭，玻璃观察孔清晰、无破损	
	3	称重给煤机皮带无破损、偏离现象，给煤机内无异物	
	4	各电动门已送电，并且应开关灵活、方向正确	
	5	称重给煤机密封风手动门已开启	
	6	给煤机落煤管播煤风门已开启	
	7	给煤机控制柜、电机正确送电，控制柜面板指示正确	
	8	清扫装置良好，将清扫电机切至自动（与给煤机同时启动）；给煤机连锁保护试验合格	
	9	相关各热工表计已投入	
	10	检查煤仓煤位正常	
	11	给煤机内照明完好，给煤机就地控制箱上信号正确，控制在“远方”位置	

续表

系统	序号	巡检标准	检查结果
给煤系统运行监视维护	1	严密监视给煤机本体及落煤管温度，称重给煤机对应的落煤管温度＞80℃时，联跳给煤机	
	2	注意断煤和堵煤信号及给煤量的变化	
	3	检查称重给煤机皮带运行正常，无跑偏现象	
	4	给煤系统无漏煤、漏风，轴承无漏油，电机温度正常，转动机械无卡涩、异声	
	5	调整一、二次风时，要注意密封风量、播煤风量的监视和调整	

五、评价

根据工作任务的完成情况，对照评价项目和技术标准规范，逐项评价，确定技能水平和改进的要求。循环流化床锅炉给煤系统巡检评价表见表 1－12－2。

表 1－12－2　　循环流化床锅炉给煤系统巡检评价表

内容		评价	
学习目标	评价项目	个人评价	教师评价
知识目标	掌握电子称重式给煤机工作原理		
	掌握电子称重式给煤机工作结构		
	掌握给煤系统流程		
技能目标	掌握给煤系统正常运行中的巡检项目、标准、要求及方法		
	能正确进行系统启动前的全面检查和就地启动条件的确认及操作		
素质目标	沟通能力		
	团队合作能力		
	突发事件处理能力		
改进要求			

六、课后练习

（1）简述电子称重式给煤机工作原理。

（2）简述电子称重式给煤机结构。

（3）在仿真系统上练习循环流化床锅炉给煤系统的巡检操作。

工作领域二　汽轮机设备与系统巡检

工作任务一　汽轮机本体设备巡检

汽轮机是以水蒸气为工质，将热能转变为旋转机械能的装置。它在工作时先把蒸汽的热能转变为动能，再使蒸汽的动能转变为旋转机械能。这种能量的转换是蒸汽依次通过汽轮机内部若干个结构基本相同的级完成的，而且是通过冲动作用、反动作用原理来实现的。

一、任务描述

汽轮机本体巡检工作包括汽轮机启动前检查、汽轮机运行中的巡检。每班应按规定时间对设备进行巡检，在巡检过程中，须保证各参数处于标准范围内。

二、任务分析

（一）汽轮机本体启动前的检查

（1）影响机组启动的所有检修工作已结束，工作票已终结。各处临时栅栏、标示牌及各种管道上的临时堵板等安全措施已拆除，运行人员已对检修交代及设备异动情况了解清楚。

（2）汽轮机本体各处及相连管道保温完整。

（3）润滑油箱、抗燃油箱油位指示应显示高限油位，并进行润滑油箱油位报警试验；检查主油箱事故放油门关闭，并悬挂“禁止操作”标示牌。

（4）汽轮机润滑油、密封油、EH 油系统冲洗、油循环结束，油质符合要求，设备系统完整，投入运行。

（5）汽轮机低压缸防爆膜完好，间接（直接）空冷系统正常，湿冷系统冷却塔正常。

（6）汽轮机调速系统静态试验正常，高压缸排汽止回阀和所有抽汽止回阀联动试验正常。

（7）高、低压旁路控制装置静态试验正常。

（8）汽轮机及其辅助设备各连锁保护试验合格，相关连锁保护投入。

（9）检查高压缸排汽通风阀、疏水系统气动阀、轴封系统各阀门正常。

（10）检查汽轮机本体及管道各疏水手动隔离阀开启。

（11）氢冷系统氢气置换合格，氢油压压差 56kPa。

（12）定子冷却水系统冲洗合格，水质符合要求，水箱水位正常，定子冷却水泵投入运行。

(13) 电动盘车试运转，转子转动正常，确认无异常声音后保持盘车。投入盘车后，检查并记录转子偏心度应小于 22μm。

(14) 检查滑销系统，汽轮机本体应能正常自由膨胀，在冷态下测量各膨胀间隙尺寸，并做记录。

(15) 检查机房内没有任何动火作业。注意发电机一旦充氢，机房内任何动火作业必须办理一级动火工作票。

(二) 汽轮机本体运行中的巡检

(1) 巡检人员应带好测温计、听音棒、测振仪，每小时巡检、抄表一次，发现就地表指示和上一个点偏差较大时，及时和集控室 CRT 表计核对，查找原因并进行处理，确保各参数处于正常范围。

(2) 巡检汽轮机本体及附属部件、连接管道正常。

(3) 汽轮机内没有摩擦、撞击声。

(4) 汽轮机本体各附属部件、连接管道没有泄漏声，保温没有冒汽、渗水现象。

(5) 汽轮机各高、中压主汽门及调节门完好，螺丝无松动，连接销子无损坏。

(6) 汽轮机各高、中压主汽门及调节门伺服机构工作良好，油动机无渗油现象。

(7) 汽轮机各供回油管道无滴、渗油现象。

(8) 汽轮机顶轴油母管安全阀无渗油现象。

(9) 汽轮机各轴瓦无渗油现象。

(10) 汽轮机各瓦回油正常，无冒烟、着火现象。

(11) 汽轮机各温度、振动测点无松动。

(12) 汽轮机润滑油油质良好，无乳化现象。

(13) 汽轮机各缸膨胀正常，没有受阻现象。

(14) 汽轮机正常运行时，盘车装置电源投入，啮合齿轮箱保护盖完好。

(15) 盘车装置投入使用后，检查盘车电机运行正常，啮合齿轮啮合良好，转子无摩擦、异声。

(16) 盘车装置投入使用后，检查顶轴油压、润滑油压正常；顶轴油压 6～13MPa，润滑油压 0.14～0.20MPa。

(17) 盘车装置投入使用后，检查汽轮机转速正常（盘车转速为 1.5r/min）。

(18) 汽轮机汽封无漏汽、吸气现象。

(三) 汽轮机就地各表计巡检

(1) 汽轮机转速正常［3000×（100%±2%）r/min］。

(2) 汽轮机轴系振动正常（小于 0.076mm，超过 0.15mm 报警）。

(3) 汽轮机轴承金属温度正常（支持轴承小于 90℃，超过 110℃报警；推力轴承小于 90℃，超过 100℃报警）。

(4) 汽轮机支持轴承及推力轴承回油温度正常、回油流量正常（小于 65℃，超过 75℃报警）。

(5) 汽轮机润滑油温度正常（38～45℃）。

（6）汽轮机主油泵进口油压正常（0.1～0.15MPa）。

（7）汽轮机主油泵出口油压正常（小于1.205MPa）。

（8）汽轮机润滑油压力正常（0.14～0.20MPa）。

（9）汽轮机轴承油压低遮断试验油压力正常（0.15MPa）。

（10）汽轮机本体汽侧密封油压力正常（0.4～0.5MPa）。

（11）汽轮机本体励侧密封油压力正常（0.4～0.5MPa）。

（12）汽轮机顶轴油压稳定、无跳动（6～13MPa）。

三、相关知识

资源库36_汽轮机级的工作原理

（一）汽轮机级的工作原理

汽轮机的级是将蒸汽的热能转变成为旋转机械能的最基本工作单元。汽轮机的级由喷嘴叶栅和与它配合的动叶栅组成，如图2-1-1所示。喷嘴叶栅由一系列安装在隔板上的喷嘴叶片构成，称为静叶栅。动叶栅由一系列安装在叶轮外缘的动叶片构成。

当蒸汽通过汽轮机级时，首先在喷嘴叶栅中将热能转变成为动能，然后在动叶栅中将其动能转变为机械能，使得叶轮和轴转动，从而完成汽轮机利用蒸汽热能做功的任务。汽轮机级的做功过程是蒸汽不断膨胀，压力逐渐降低的过程。

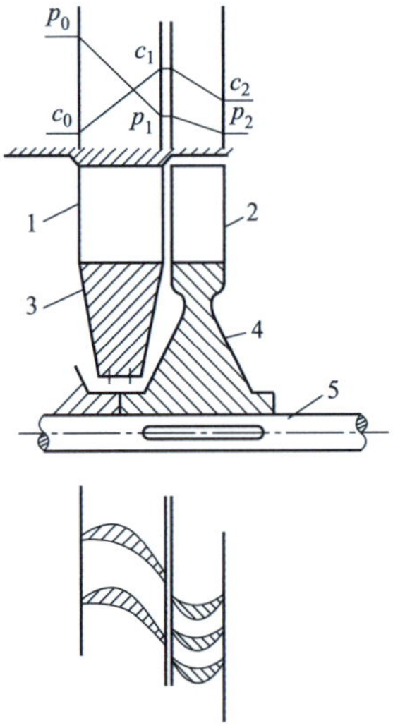

图2-1-1 汽轮机级的示意
1—静叶；2—动叶；3—隔板；4—叶轮；5—轴

（二）汽轮机分类

按主蒸汽压力分可分为低压汽轮机、中压汽轮机、高压汽轮机、超高压汽轮机、亚临界压力汽轮机、超临界压力汽轮机和超超临界压力汽轮机。

低压汽轮机，新蒸汽压力为1.18～1.47MPa。

中压汽轮机，新蒸汽压力为1.96～3.92MPa。

高压汽轮机，新蒸汽压力为5.88～9.8MPa。

超高压汽轮机，新蒸汽压力为11.77～13.73MPa。

亚临界压力汽轮机，新蒸汽压力为15.69～17.65MPa。

超临界压力汽轮机，新蒸汽压力大于22.16MPa，大多采用24MPa左右。

超超临界压力汽轮机，新蒸汽压力大于或等于25MPa，新蒸汽温度大于或等于580℃。

资源库37_汽轮机结构

（三）汽轮机结构

火电厂驱动发电机发电的汽轮机通常布置于主厂房的运行平台处，由主轴通过联轴器带动发电机转动，所以汽轮机本体既有静止部分，又有转动部分。静止部分又称为静子，主要有汽缸、喷嘴、隔板与隔板套（或静叶环与静叶持环）、汽封和轴承，还包括进汽管、排汽管、抽汽管道、滑销系统及装在汽缸上的其他部件；转动部分又称转子，它包括主轴、叶轮（或转鼓）、动叶片、联轴器、盘车装置和其他转动部件。汽轮机本体结构如图 2-1-2 所示。

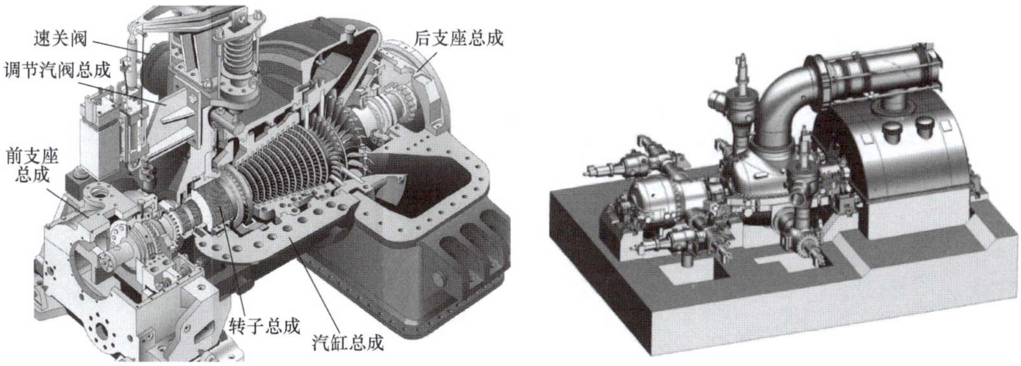

（a）　　（b）

图 2-1-2　汽轮机本体结构

（a）内部；（b）外形

1. 汽轮机的静止部件

（1）汽缸。汽缸的作用是将蒸汽与大气隔绝，形成蒸汽完成能量转换的封闭空间。此外，它还要支撑汽轮机的其他静止部件，如隔板、隔板套、喷嘴汽室等。通常把汽缸分为上、下两个部分，转子从其径向中心穿过。对于中小功率的汽轮机，一般采用单缸结构；大功率汽轮机都采用多缸结构，按进汽参数不同，分别称为高压缸、中压缸和低压缸。

（2）隔板与隔板套。隔板的作用是将汽缸内部空间沿轴向分割成若干个汽室，并用来固定各压力级的喷嘴叶栅，还可以阻止级间漏汽。隔板套固定于汽缸内壁上，用来固定隔板。

（3）轴承。汽轮机采用的轴承有两种：支持轴承和推力轴承。支持轴承的作用是承担转子的重量及不平衡质量产生的离心力，并确定转子的径向位置，以保证转子中心与汽缸中心一致。推力轴承的作用是承担蒸汽作用在转子上未平衡的轴向推力，并确定转子的轴向位置，以保证通流部分动静间正确的轴向间隙。

（4）汽轮机进汽阀门。汽轮机进汽阀门是汽轮机调节系统中控制进汽的重要部件，分为高压主汽阀（门）及调节汽阀（门）、中压主汽阀（门）及调节汽阀（门）。

高压主汽门是主蒸汽的总闸门，主要功能是当汽轮机需要紧急停机时，能快速关闭，切断汽轮机供汽，有效隔离蒸汽管路和汽轮机，保证机组安全，其结构如图 2-1-3 所示。

高压调节门的主要功能是通过改变阀门开度控制汽轮机的进汽量。在机组并网带负荷之前，高压调节阀不同开度对应不同的转速，在机组并网带负荷后，高压调节阀不同的开度对应不同的负荷。图 2-1-4 为高压调节阀。

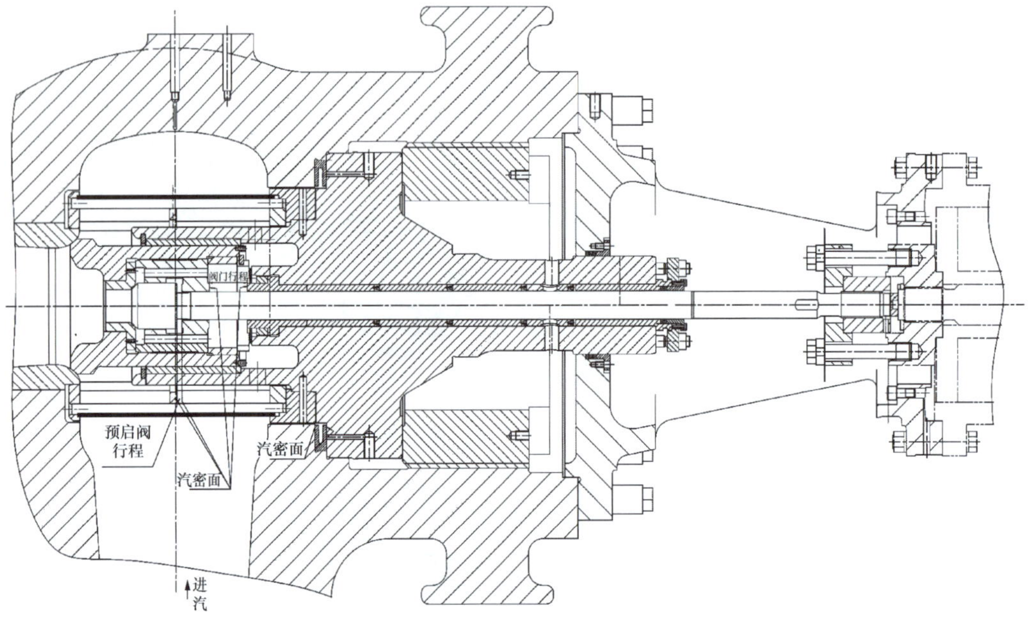

（a）

（b）

资源库 38_高压主汽阀

图 2-1-3　高压主汽阀

（a）结构；（b）外形

中压主汽阀及调节汽阀用来控制进入中压缸的再热蒸汽，其结构原理与高压主汽阀和高压调节阀类似，如图 2-1-5 和图 2-1-6 所示。

2. 汽轮机的转动部分

（1）转子。转子是汽轮机所有转动部件的组合，其作用是汇集各级动叶栅所得到的机械能并传递给发电机。汽轮机转子可分为轮式转子和鼓式转子两种基本类型。冲动式汽轮机大都采用轮式转子。按制造工艺，轮式转子可分为套装转子、整锻转子、组合转子和焊接转子，如图 2-1-7 所示。

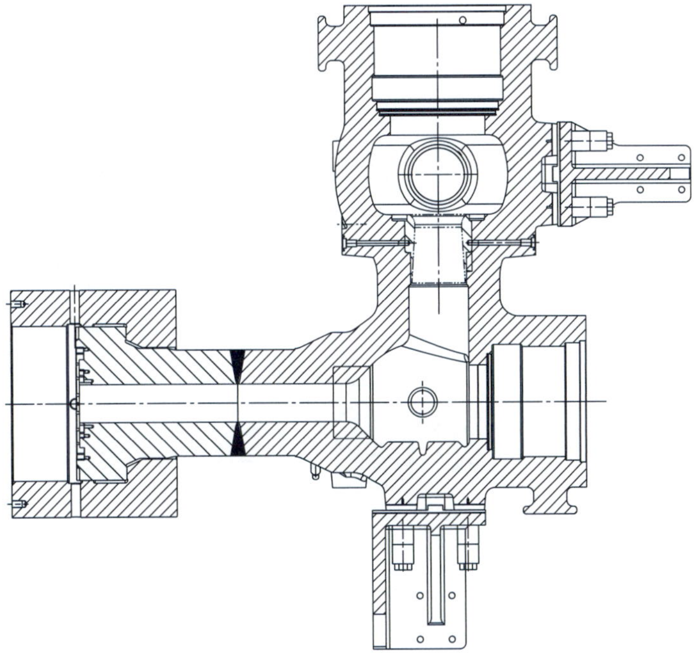

（a）

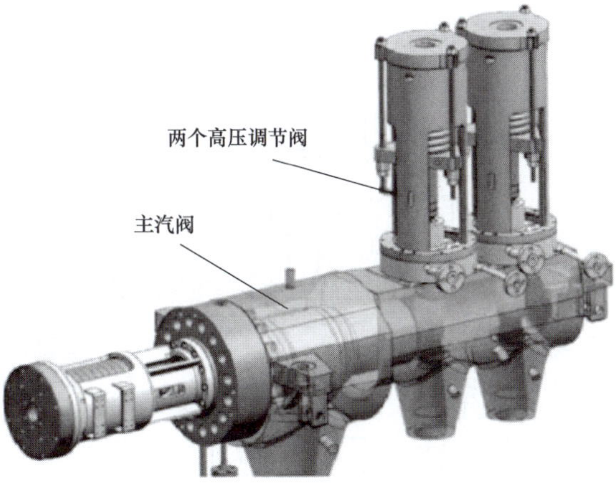

（b）

图 2－1－4　高压调节阀

（a）结构；（b）外形

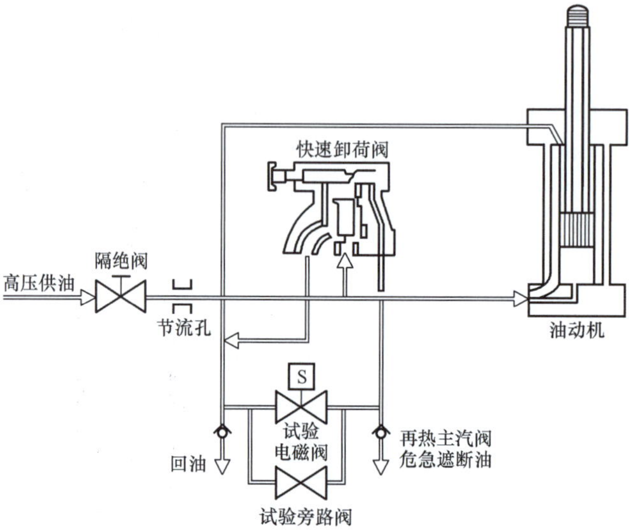

图 2-1-5　中压主汽阀的工作原理

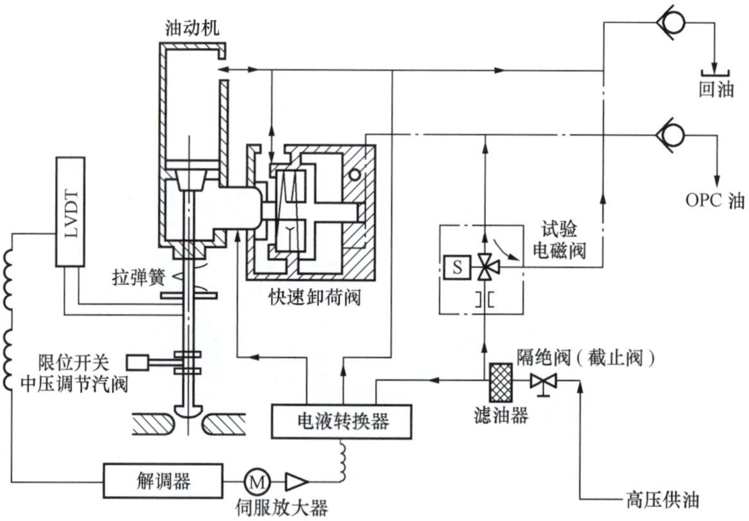

资源库 39_中压
联合汽阀

图 2-1-6　中压调节汽阀的工作原理

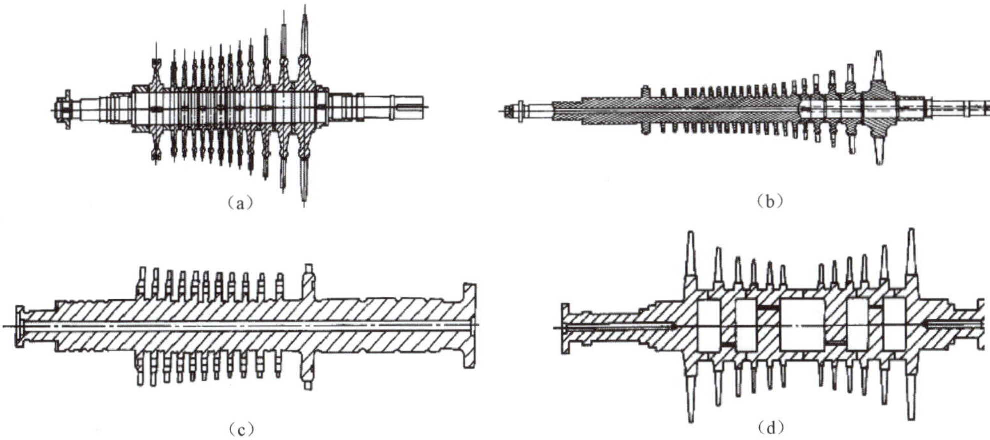

图 2－1－7　转子

（a）套装转子；（b）组合式转子；（c）整锻转子；（d）焊接转子

（2）动叶片。动叶片由叶根、叶型、叶顶三部分组成。叶型也称为叶身，它是叶片的基本工作部分，是完成蒸汽能量转换的重要部件。

（3）叶轮。叶轮主要由轮缘、轮面组成，用来安装动叶片并将动叶片上的转矩传递给主轴，如图 2－1－8 所示。

（4）联轴器。联轴器的其作用是连接汽轮机的各个转子和发电机转子，并将汽轮机的转矩传递给发电机，如图 2－1－9 所示。

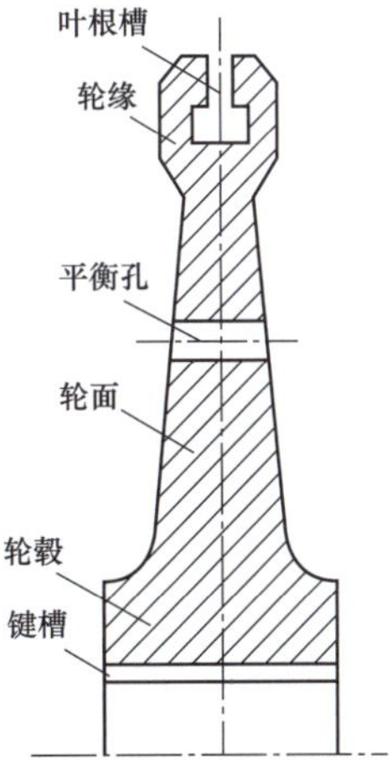

图 2－1－8　叶轮结构示意

图 2－1－9　联轴器

（5）盘车。在汽轮机不进蒸汽时用以驱动机组转子以一定转速旋转的设备称为盘车装置。启动冲转前投入盘车装置，是要检查汽轮机的动、静部分间有无摩擦现象；转子的弯曲度是否合格，以便判断机组是否具备启动条件。汽轮机停机后投入盘车装置，盘车不仅使转子温度均匀，防止弯曲变形，还可消除或减小上、下缸温差，减小汽缸变形，有利于机组随时再启动。

资源库 40_盘车

四、 完成任务

登录 660MW 超超临界机组或 330MW 亚临界机组或 350MW 超临界循环流化床机组系统平台，严格按规范巡检程序完成汽轮机本体设备的巡检工作（提示：上述检查完毕后，应将检查结果记录在有关的记录簿内，对所发现的问题，应通知维修负责人予以消除）。汽轮机本体巡检卡见表 2－1－1。

表 2－1－1　　汽轮机本体巡检卡　　年　月　日

时间	内部听音	供回油管道/轴瓦泄漏	汽轮机转速	轴系振动	各轴承回油温度/流量	润滑油温/油压	主油泵进/出口油压	密封油压力/回油流量	汽封漏汽	各瓦回油量	各温度/振动测点	主汽门/调速汽阀及伺服机构	主汽门/调速汽阀油动机	润滑油油质	盘车状态/转速	顶轴油压（盘车投入）	巡检人
0：00																	
2：00																	
4：00																	
6：00																	
8：00																	
10：00																	
12：00																	
14：00																	
16：00																	
18：00																	
20：00																	
22：00																	

五、 评价

根据工作任务的完成情况，对照评价项目和技术标准规范，逐项评价，确定技能水平和改进的要求。汽轮机本体巡检评价表见表 2－1－2。

表 2－1－2　　汽轮机本体巡检评价表

内容		评价	
学习目标	评价项目	个人评价	教师评价
知识目标	了解汽轮机的分类、型号		
	了解典型汽轮机结构、组成、实际相对位置		
技能目标	启动前的各项检查		
	运行中的各项检查		
	汽轮机工作状态中各参数		
	会使用测温仪、测振仪、听音棒		
	会读就地各表计		
	会就地投、停盘车		

续表

内　　容		评　　价	
学习目标	评　价　项　目	个人评价	教师评价
素质目标	沟通能力		
	团队合作能力		
	突发事件处理能力		
改进要求			

六、 课后练习

（1）简述汽轮机的结构、分类、型号。

（2）在仿真系统上练习汽轮机本体的巡检操作。

工作任务二　汽轮机润滑油系统巡检

汽轮机的润滑油系统采用汽轮机油，其任务是可靠地向汽轮发电机组的各轴承（包括支持轴承和推力轴承）、盘车装置、联轴器提供合格的润滑和冷却油，向发电机的氢密封油系统提供密封油，同时还向机械式超速保护装置提供试验和复位用油。

一、 任务描述

润滑油系统启动前检查内容包括：检查油箱油位、油质合格；系统阀门正确，满足启动条件。运行中的巡检内容包括：油系统中各油滤网的前、后压差应在规定范围内，若压差超过规定值应及时进行切换；检查油系统中各设备、阀门无漏油、渗油现象。发现仪表读数与正常值有差别时，应立即查明原因，采取必要的措施。

二、 任务分析

（一）启动前的检查与准备

（1）润滑油系统检修工作结束，工作票已终结，设备完整，环境清洁。

（2）润滑油、顶轴油系统内部清理干净，油系统循环冲洗结束，机组润滑油牌号为32L－TSA透平油，要求保证润滑油油质合格；在润滑油质不合格的情况下，严禁机组启动。

（3）各控制电源、信号电源投入，系统中的各种表计一、二次门打开，主油箱油位计投入正常。

（4）确认主油箱、盘车装置及油泵的连锁保护试验合格，声光报警良好，热工保护投入。

（5）各油泵电动机绝缘测试合格，交流润滑油泵、直流润滑油泵、启动油泵、顶轴油泵、盘车装置和排烟风机送电完成。

（6）确认闭式冷却水系统投入运行。

（7）确认润滑油净油系统具备投入条件。

（8）检查关闭主油箱事故放油门且无内漏，检查关闭冷油器放油门，冷油器切换阀在一侧位置并锁定。

（9）检查开启顶轴油泵出、入口门，滤网清洗干净。

（10）检查开启各轴承顶轴供油手动门。

（11）在密封油系统不具备投入条件前关闭密封油供油门。

（12）润滑油、密封油系统已按阀门检查卡处于启动前正常状态。

（二）正常运行中的巡检

（1）机组正常运行时，一台排烟风机运行，保证润滑油箱微负压 1kPa 左右。

（2）机组正常运行时，交流润滑油泵、直流润滑油泵、启动油泵、顶轴油泵应投入连锁。

（3）主机润滑油压维持在 0.137～0.176MPa，各轴承处油压高于 0.083MPa，冷油器的冷却水工作正常，出口油温保持 40～45℃，各轴承回油温度小于 75℃。

（4）机组正常运行时，应保持低压保安油压 0.7MPa，最大不超过 0.8MPa。

（5）润滑油箱油位在正常油位的 1100～1300mm，油箱内油温应在 65℃以下。

三、相关知识

资源库 41_主机润滑油系统流程简介

图 2-2-1 为 660MW 超超临界汽轮发电机组的润滑油系统。从图中可知，该润滑油系统主要由润滑油主油箱、主油泵（MOP）、油涡轮泵（BOP）、交流润滑油泵（TOP，又称为备用油泵、盘车油泵）、直流润滑油泵（EOP，又称为事故油泵）、启动油泵（MSP）、冷油器、切换阀、排烟风机、低润滑油压遮断器、止回阀、套装油管路、多功能磁翻板油位计、加热装置、测温元件、油温调节装置（或油温调节阀）、滤油装置（或滤网）、轴承进油调节阀（或可调节流孔板）、油温/油压监测装置以及管道、阀门等部件组成。

（一）润滑油主油箱

主油箱是润滑油系统的储油罐，担负着分离油中的水分、气体以及沉淀杂质的作用。油箱体是一个由钢板焊成的方形容器，箱体上布置有油泵电机，还有测量仪表、润滑油控制柜、人孔门等，油箱内部装有内部油管路、油泵、阀门等。

当系统中主油箱的油位高于 1300mm 或低于 1100mm 时（油箱底部为零油位，正常油位 1200mm），就地控制盘上出现“主油箱油位高/低”报警，CRT 上出现“润滑油系统故障”报警；当主油箱油位为 1050mm 时，CRT 上出现“主油箱油位低低”报警停机信号。

（二）主油泵

润滑油系统的主油泵位于前轴承箱内，其叶轮安装在与汽轮机高压转子直接相连的短轴上，与汽轮机具有相同的转速，为双吸、单级、离心式油泵，如图 2-2-2 所示。

在正常运行时，主油泵由油涡轮泵提供一定压力的进口油。当汽轮机转速达到 90%额定转速时，主油泵和油涡轮泵就能提供润滑油系统的全部油量，这时要进行主油泵和交流润滑油泵的切换，切换时应监视主油泵出口油压，当油压值异常时，应采取紧急措施，以防止烧瓦。

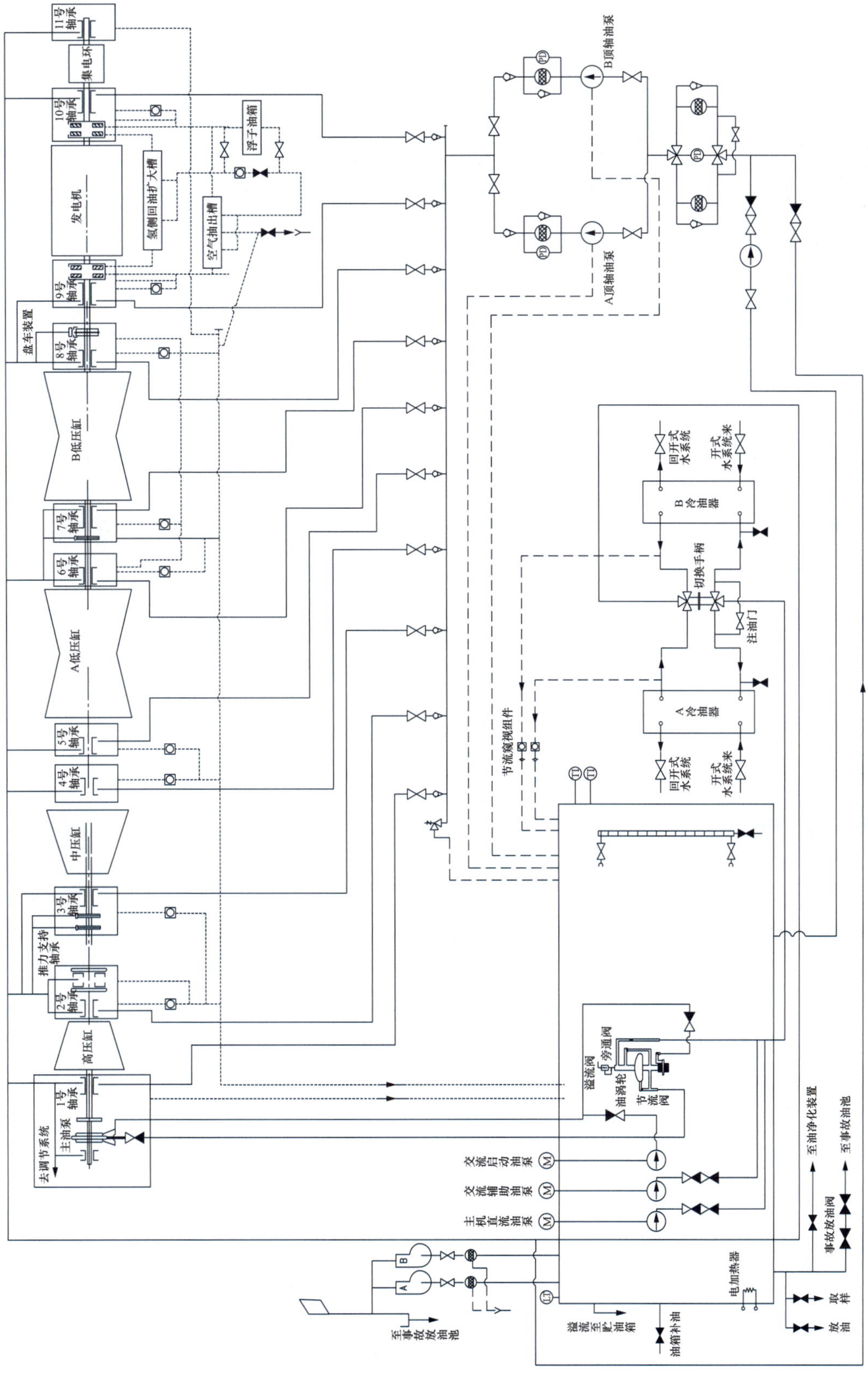

图 2-2-1　660MW 超超临界汽轮发电机组的润滑油系统

资源库 42_主油泵

图 2-2-2　主油泵

（三）油涡轮泵

油涡轮泵又称为前置泵，位于主油箱内部，是以油压作为动力来驱动升压泵向外输送压力油的，正常运行时可以向主油泵入口提供 0.10～0.15MPa 的润滑油。

（四）启动油泵

启动油泵又称主吸入油泵，垂直安装于主油箱内。在汽轮机启动时，且在转速达到 90％额定转速之前，必须启动电动机带动的离心式启动油泵，向主油泵入口供给一定压力的润滑油，起到油涡轮泵的作用。

（五）交流润滑油泵

交流润滑油泵又称为盘车油泵或备用油泵，垂直安装于油箱内部。在汽轮机启、停过程中，交流润滑油泵必须投入工作；在事故状态下，它作为主油泵的备用泵应能及时自动投入工作。

资源库 43_冷油器-板式换热器

（六）直流事故油泵

直流事故油泵与交流润滑油泵的结构完全相同，安装布置也一样，是交流润滑油泵的备用泵。

（七）冷油器

系统装有两台板式冷油器（见图 2-2-3），布置在主油箱侧下方的零米。在正常运行工况下，一台投入运行，另一台备用。工作时，板式冷油器以闭式冷却水带走润滑油的热量，保证进入轴承的润滑油温度维持为 40～50℃。

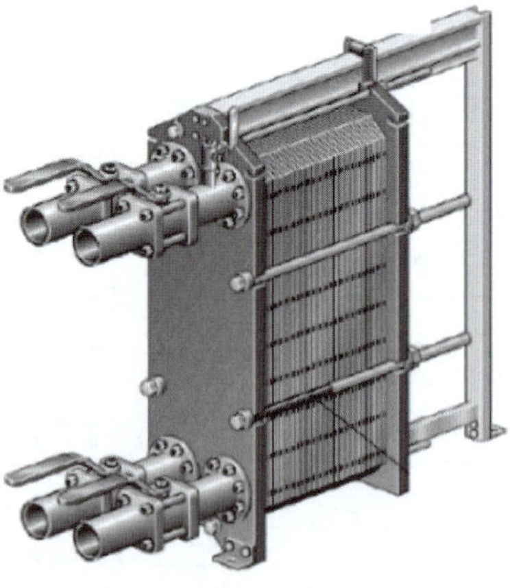

图 2-2-3　板式冷油器实物结构

（八）电加热器

在油箱顶上装有浸没式电加热器，由油温调节触点和三位开关控制。一般情况下，开关放在“自动”位置上，由油温调节器控制。当油温低于 20℃时，自动投入；高于 35℃时，停止工作。

（九）顶轴油系统

汽轮机在启动前和停机后，需要进行盘车，而此时汽轮机的转速非常低，不足以在轴承内形成油膜建立液体摩擦；大型火电机组的转子也非常重，为了使盘车时轴颈与轴瓦分离而减小摩擦，并避免轴颈与轴瓦的损伤，减小盘车装置电机功率，设置顶轴油系统。

顶轴油系统（见图 2-2-4）主要包括两台 100%额定容量的顶轴油泵、滤网、单向节流阀、止回阀、溢流阀、阀门及管道等部件。

资源库 44_顶轴油系统

盘车启动前，在润滑油冷油器投入运行后，必须首先启动顶轴油泵，在盘车运行过程中，顶轴油泵必须连续运行。机组冲转后，转速达到 2500r/min 时顶轴油泵自动停运，否则手动停运。在打闸停机后，转子静止前，应启动顶轴油泵来保护轴瓦，要求转速降到 2400r/min 时顶轴油泵自动投运，否则手动投运。

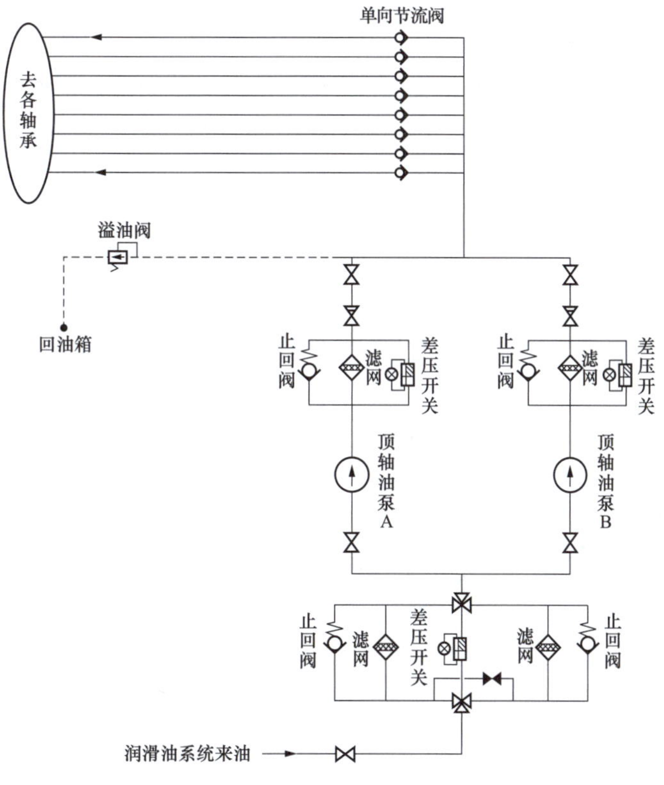

图 2-2-4　顶轴油系统流程示意

（十）润滑油净化系统

设置润滑油净化系统的目的是将汽轮机主油箱、小汽轮机油箱、润滑油储存箱（脏油箱）内以及来自油罐车的润滑油进行过滤、净化处理，以清除润滑油中的水分、固体粒子和其他杂质，使润滑油的油质达到使用要求，并将经净化处理后的润滑油再送回汽轮机主油箱、小汽轮机油箱、润滑油储存箱（净油箱），如图 2-2-5 所示。

资源库 45_油净化系统

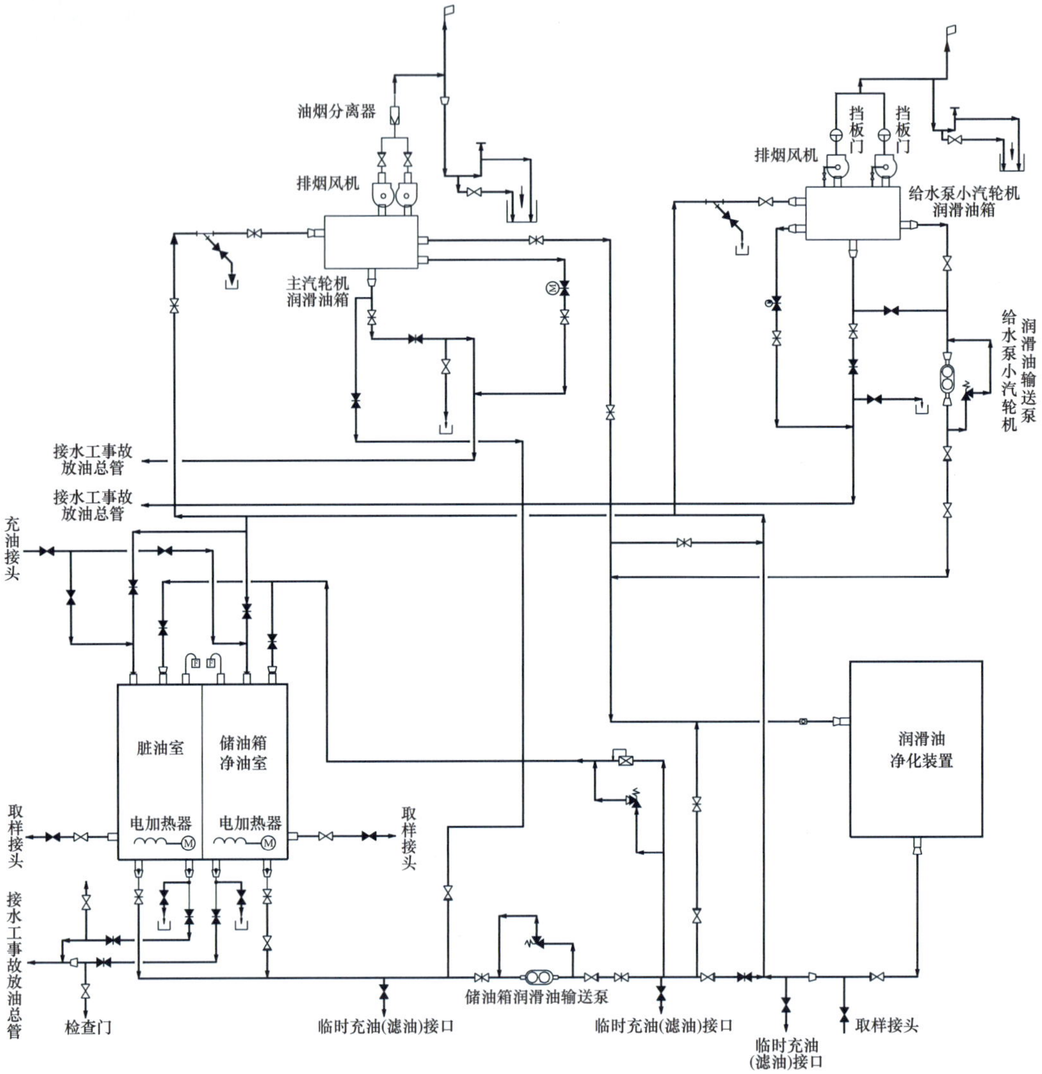

图 2-2-5　润滑油净化系统示意

（十一）油烟分离装置

该装置用于抽吸由于润滑油油温升高而产生的油烟，以及发电机密封油中的氢气。油箱中的油烟混合物通过油烟分离器进行分离，油滴靠重力作用返回油箱，烟气由排烟风机排出，从而减少对环境的污染，保证油系统的安全、可靠。

（十二）油压调节装置

轴承润滑油压和主油泵的入口油压可以通过装在油涡轮泵上的三只阀门即泄压阀、节流阀和旁路阀来进行调节。

（十三）油压/油温保护装置

润滑油系统工作时，润滑油压力是否偏低可以通过润滑油压力开关来进行监测。在每个轴承合金及其进油管道和排油管道上安装有温度检测元件，可以在温度升高到规定数值时发出润滑油温度高报警信号。

（十四）油泵启动试验装置

（1）交流润滑油泵。在润滑油压力母管和主油泵出口压力油管道上，装有带试验阀门（三通电磁阀）装置的压力开关，可以对交流润滑油泵自动启动功能进行检查试验。

（2）启动油泵。在主油泵入口压力油管道上，安装有带试验阀门（三通电磁阀）装置的压力开关，对启动油泵自动启动功能进行检查试验。

（3）事故油泵。控制事故油泵的压力开关装于润滑油压力母管、主油泵及交流润滑油泵出口压力油管道上，各自都装有试验阀门（三通电磁阀）装置，共同对事故油泵自动启动功能进行检查试验。润滑油泵连锁保护：

1）当发生下列任一情况时，交流润滑油泵（盘车油泵或备用油泵）自动启动：

①轴承润滑油压小于 0.115MPa。

②主油泵出口油压小于 1.205MPa。

③发电机主开关跳闸 3s 内。

2）当发生下列任一情况时，备用的直流事故油泵自动启动：

①轴承润滑油压小于或等于 0.07MPa。

②交流电源失电导致交流润滑油泵跳闸。

四、任务完成

登录 660MW 超超临界机组或 330MW 亚临界机组或 350MW 超临界循环流化床机组系统平台，严格按规范巡检程序完成润滑油系统的巡检工作。（提示：上述检查完毕后，应将检查结果记录在有关的记录簿内，对所发现的问题，应通知维修负责人予以消除。）汽轮机润滑油系统巡检卡见表 2-2-1。

表 2-2-1　　汽轮机润滑油系统巡检卡　　　　年　月　日

时间	主机交流润滑油泵	润滑油启动油泵	主机直流润滑油泵	主机交、直流润滑油泵、启动油泵事故按钮	主机润滑油系统管道及阀门	主机润滑油压力	主机润滑油冷油器出口油温	排油烟风机	主机润滑油冷油器	事故排油系统	主机润滑油油净化装置	主机润滑油油净化装置无渗漏	主机润滑油油箱油温加热器控制箱显示
0：00													
2：00													
4：00													
6：00													
8：00													
10：00													
12：00													

续表

时间	主机交流润滑油泵	润滑油启动油泵	主机直流润滑油泵	主机交、直流润滑油泵、启动油泵事故按钮	主机润滑油系统管道及阀门	主机润滑油压力	主机润滑油冷油器出口油温	排油烟风机	主机润滑油冷油器	事故排油系统	主机润滑油油净化装置	主机润滑油净化装置无渗漏	主机润滑油油箱油温加热器控制箱显示
14：00													
16：00													
18：00													
20：00													
22：00													

五、评价

根据工作任务的完成情况，对照评价项目和技术标准规范，逐项评价，确定技能水平和改进的要求。汽轮机润滑油系统巡检评价表见表 2－2－2。

表 2－2－2　　汽轮机润滑油系统巡检评价表

内　　容		评　　价	
学习目标	评　价　项　目	个人评价	教师评价
知识目标	掌握汽轮机润滑油系统流程及设备结构		
	掌握润滑油系统、润滑油净化及顶轴油系统组成、作用		
	掌握汽轮机润滑油系统正常运行中的巡检项目		
技能目标	检查油箱和冷油器的排污阀		
	检查油箱中的油位		
	检查油系统		
	检查通往仪表的所有管路		
	检查润滑油温度、压力		
	冷油器的切换		
素质目标	沟通能力		
	团队合作能力		
	方法创新能力		
	突发事件处理能力		
改进要求			

六、课后练习

（1）简述润滑油系统、润滑油净化系统和顶轴油系统流程、作用及主要设备。

（2）在仿真系统上练习润滑油系统的巡检操作。

工作任务三　EH 油系统巡检

汽轮机抗燃油（EH 油）系统用于向汽轮机调节系统的液压控制机构提供动力油源，同时还向汽轮机的保安系统提供安全油，以保证汽轮机的安全工作。

一、任务描述

EH 油系统启动前的检查内容包括：油箱油位、油质符合要求；阀门状态满足启动条件。EH 油系统运行中的巡检内容包括：油位、油温、油压符合要求；系统管道和阀门无漏油、渗油现象；各油泵及电机运行平稳，温度、声音、振动正常。

二、任务分析

（一）EH 油系统启动前检查

（1）系统检修工作全部结束，所有工作票已终结，设备及系统管道良好，现场整洁；确认闭冷水系统在投运状态，盘动 EH 油泵、EH 油循环泵无卡涩现象。

（2）各种控制电源，信号电源投入，系统所有的压力表、温度表、流量开关和温度控制器均投入。

（3）EH 油系统连锁、保护试验正常。

（4）各油泵绝缘合格，各油泵、油箱电加热器送电。

（5）闭式冷却水及压缩空气系统投入运行。

（6）确认 EH 油箱油位正常，油质合格，系统中所有放油门关闭，油泵出入口门开启，所有蓄能器的手动隔离门打开，隔离门后放油门关闭。

（7）检查 EH 油温度应大于 20℃，如油温低应投入电加热器。

（二）EH 油系统运行中的巡检

（1）机组正常运行时，EH 油箱油位应维持在 270～550mm 范围内。

（2）EH 油母管压力（14±0.2）MPa，但不高于溢流压力（17±0.2）MPa，低于（11.2±0.2）MPa 时应检查备用 EH 油泵联启。

（3）EH 油正常温度 37～60℃，EH 油温度高于 55℃时自动联开冷却水电磁阀、连锁启动 EH 油循环泵并切加热器；EH 油温度 40℃时关闭冷却水电磁阀、停 EH 油循环泵，EH 油温度高于 60℃时报警。

（4）EH 油泵组振动小于 50μm、最大不大于 75μm。

（5）EH 油系统过滤器前后压差小于 0.35MPa，高于此压差时发出报警，应及时更换滤芯。

（6）为保证 EH 油油质良好，EH 油再生系统应根据化学取样情况投入运行。

（7）高压蓄能器充氮压力维持（10.0±0.2）MPa。

（8）检查油泵及电机轴承温度正常；油泵及系统管道接口无渗漏现象，管路无振动、无异声等。

（9）检查冷却水压力在 0.3～0.6MPa，温度低于 38℃。

（10）当 EH 油酸值大于 0.15mgKOH/g、EH 油电阻率小于 $5\times10^{9}\Omega/cm$ 或根据化

学要求投入再生装置或滤油机，工作 24h 后，通知化学人员取样，根据取样结果决定是否继续投入。

三、相关知识

EH 供油系统由供油装置、EH 油再生装置、冷却装置及油管路组成。供油装置的主要功能是提供控制部分所需要的液压油，同时保持液压油的正常理化特性和运行特性。供油系统除正常的系统回油冷却外，还增设一个独立的自循环冷却系统，控制油温在正常范围之内。

资源库 46_EH 油系统流程

EH 油系统流程如图 2-3-1 所示。该系统的主要设备和部件有液压油箱、EH 油泵、EH 油循环泵、加热器、滤网、溢流阀、高压蓄能器、冷油器、温控阀、油再生设备以及试验电磁阀、阀门等，它们通过不锈钢管道组装在一起。

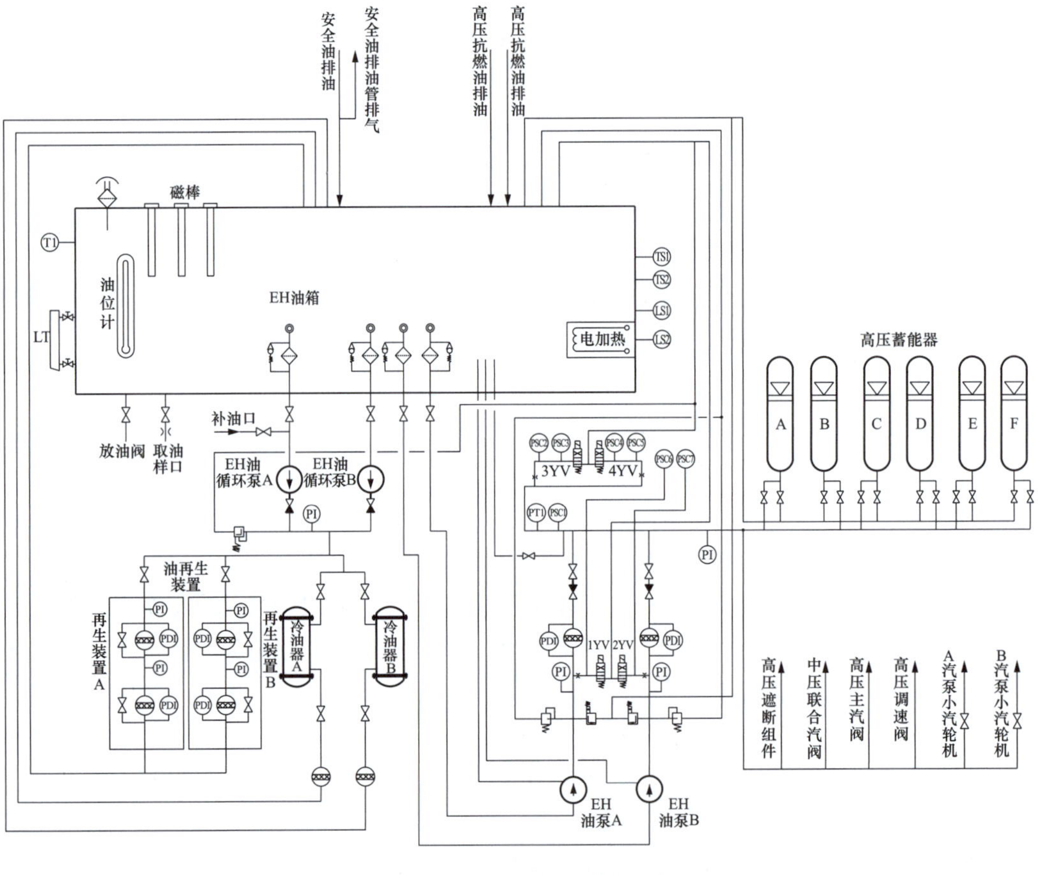

图 2-3-1　汽轮机 EH 油系统流程示意

（一）油箱

油箱是 EH 油系统的重要设备之一。油箱用不锈钢板制成，顶部装有控制单元组件、各种监视仪表和维修人孔等，油箱底部装有一个手动泄放阀，油箱上还装有加油组件以及供油质监督取样的取样阀。

油箱配有指针式温度计进行油温的监视，还配有温度控制继电器对油箱油温进行控制。油箱除有就地的指示式油位计外，还设有两个浮子式油位继电器，其中一个用于低油位报警和低油位遮断停机，另一个则用于高油位报警和高油位遮断停机。

（二）EH 油泵

EH 油供油系统配有两台 100％额定容量的压力补偿式变量柱塞泵，如图 2－3－2 所示。当系统用油量增加使系统油压下降到压力补偿器设定值时，压力补偿器自动调整增加柱塞的行程提高系统的油量和压力。同理，当系统用油量减少时，压力补偿器自动调整减小柱塞的行程降低系统的油量和压力。

资源库 47_EH 油泵-柱塞泵

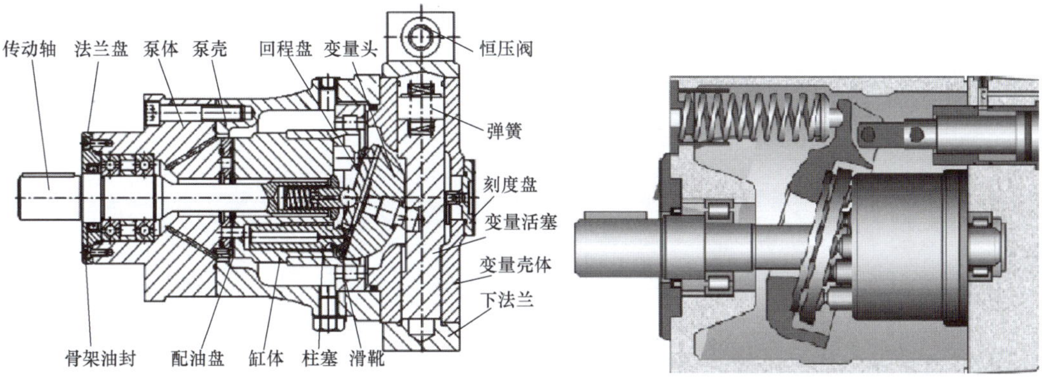

（a）　　（b）

图 2－3－2　压力补偿式变量柱塞泵

（a）剖面图；（b）结构图

（三）高压蓄能器

为了维持系统油压的相对稳定，以防止溢流阀的反复动作，在 EH 油系统中装有 6 只丁基橡胶皮囊式蓄能器，也称高压蓄能器。

（四）冷油器

EH 油系统在油箱顶部装有两台 100％容量的冷油器，冷却油来自油箱，冷却后的油送入液压油箱。正常运行时，一台运行，另一台备用。特殊情况时也可以两台并列运行。当油箱中的油温高到 60℃时，由温度敏感开关发出报警信号。

（五）抗燃油再生装置

抗燃油再生装置是一种用来储存吸附剂和使抗燃油得到再生的装置，该装置主要由硅藻土过滤器与波纹纤维滤油器（精密滤油器）串联而成。再生的目的是使油保持中性并去除油中的水分等。

（六）过滤器

系统中设置有多个过滤器，以保证进入系统中的油的清洁。这些过滤器有 EH 油泵进口、出口过滤器，冷油器出口过滤器及再生装置的过滤器等。

（七）油加热器

在油箱中有两只管式油加热器。当油温低于设定值时，先启动循环油泵，后投入加热器，以保证油箱中的油加热均匀。

（八）EH 油循环泵

液压油系统设置有滤油、EH 油循环泵、冷油器组成的循环系统，在油温过高或油的清洁程度不高时，可以启动循环泵进行液压油的过滤和冷却。

四、任务完成

登录 660MW 超超临界机组或 330MW 亚临界机组或 350MW 超临界循环流化床机组系统平台，严格按规范巡检程序完成 EH 油系统的巡检工作。（提示：上述检查完毕后，应将检查结果记录在有关的记录簿内，对所发现的问题，应通知维修负责人予以消除。）EH 油系统巡检卡见表 2－3－1。

表 2－3－1　EH 油系统巡检卡　　年　月　日

时间	EH 油泵	EH 油循环泵	系统管路/油动机	油箱油位	供油温度	系统压力	电机外壳温度	再生装置滤网压差
0：00								
2：00								
4：00								
6：00								
8：00								
10：00								
12：00								
14：00								
16：00								
18：00								
20：00								
22：00								

五、评价

根据工作任务的完成情况，对照评价项目和技术标准规范，逐项评价，确定技能水平和改进的要求。EH 油系统巡检评价表见表 2－3－2。

表 2－3－2　EH 油系统巡检评价表

内容		评价	
学习目标	评价项目	个人评价	教师评价
知识目标	掌握 EH 系统组成、作用		
	了解 EH 油系统的工作流程		
技能目标	检查 EH 油箱油位		
	检查 EH 油温、油压		
	检查 EH 油系统、油动机无泄漏		
	检查 EH 油系统冷却系统		

续表

内容		评价	
学习目标	评　价　项　目	个人评价	教师评价
素质目标	沟通能力		
	团队合作能力		
	方法创新能力		
	突发事件处理能力		
改进要求			

六、课后练习

(1) 简述 EH 油系统流程及设备组成、主要设备的作用和工作原理。

(2) 在仿真系统上练习 EH 油系统的巡检操作。

工作任务四　循环水系统巡检

为了提高蒸汽在汽轮机内的做功能力，就必须降低汽轮机的排汽压力（或背压），这样不仅可以增大汽轮机的理想焓降，还可提高电厂的循环热效率。降低排汽压力最有效的办法是将汽轮机的排汽送到密闭的容积较大的容器即凝汽器内，当比体积很大的排汽在凝汽器内凝结成水时，体积急剧缩小（如在正常凝汽器压力 0.005MPa 下，干蒸汽比水的体积约大 28 000 倍），从而形成高真空度。

在凝汽器中冷却汽轮机排汽的供水系统称为循环水系统，循环水系统的主要功能是向汽轮机凝汽器提供冷却水，以带走凝汽器的热量，将汽轮机排汽冷却并凝结成凝结水。

一、任务描述

循环水系统启动前的检查内容包括：间接空冷系统冷却塔扇段、间冷塔及储水系统、附属设备；凝汽器水位及本体；水冷塔水池水位（开式循环水池水位）、排泥、放水门、水塔配水门、循环水系统放水门等。正常运行中的巡检内容包括：间接空冷系统冷却扇段、间冷塔及附属设备；水冷塔水位、配水门、填料；循环水泵及其他转动设备；循环水管道、阀门等。

二、任务分析

（一）启动前的检查与准备

1. 间冷系统充水应正常投运

(1) 间冷系统充水前检查与准备。

1) 相关设备检修工作结束，工作票终结，设备完整，保温完好。

2) 控制气源、控制电源、信号电源投入，各种表计及保护完好。

3) 各气动门、防冻蝶阀、电动门动作灵活，静态试验合格。

4) 通知化学人员准备足够的除盐水。

5) 凝汽器、间冷循环水管道、间冷循环泵、间冷塔系统各放水门关闭。

6) 间冷塔 1～10 扇段各进、出口水门关闭，疏水门关闭。

7）间冷塔 4～7 扇段旁路门开启。

8）凝汽器出、入口电动门开启，凝汽器水室排气门开启。

9）间冷循环泵入口电动蝶阀、出口液控蝶阀开启，系统导通，具备充水条件。

10）间冷塔百叶窗全部关闭。

（2）间冷系统充水。

1）通知化学人员启动凝结水输送泵，开启除盐水至间冷系统补水电动蝶阀；向循环水管道及系统注水；注意检查凝汽器水室排气门见水排尽空气后关闭。

2）开启地下储水箱补水门，将储水箱水位充到 3100mm。

3）关闭地下储水箱补水门，关闭除盐水至间冷系统补水电动蝶阀。

4）启动任意一个间冷充水泵，开启出口门。

5）打开 1 号扇段进、出口水门，向 1 号扇段注水。

6）注意检查凝汽器水室排气门，见水排尽空气后关闭。

7）1 号扇段排气门有水连续溢出时，将其关闭。

8）停充水泵，关闭出口门。

9）开启除盐水至间冷系统补水电动蝶阀，开启地下储水箱补水门，储水箱水位充到 3100mm 后关闭除盐水至间冷系统补水电动蝶阀及地下储水箱补水门。

10）依次对 1～10 号扇段进行注水。

11）将高位水箱水位充装到 900mm；停充水泵，关闭出口门。

12）投入位于高位水箱中的正常水位控制和储水箱的多组控制。

2. 间冷循环水泵启动前应具备的条件

（1）没有结冰的危险，所有扇段都已经充装，进出水门关闭。

（2）开启间冷塔 4～7 扇段旁路门。

（3）高位水箱的液位不小于 750mm。

（4）所有阀门处于正确位置，注意各放水门关闭。所有百叶窗处于关闭状态；百叶窗控制无效。

（5）汽轮机辅机冷却水系统已投运正常。

（6）间冷循环泵具备启动条件，重点关注冷却水正常，轴承油位正常，电机冷却风扇启动正常。

3. 水冷系统循环水启动应满足的条件

（1）冷却水塔补水至正常水位，冷却水塔溢水门不溢水。

（2）水塔配水门正常开启、放水门及排泥门关闭。

（3）按阀门检查卡检查循环水、开式冷却水系统阀门位置正确，注意循环水系统所有放水门关闭。

（4）测量循环水泵电机绝缘合格；循环水泵电机上轴承润滑油油质合格、油位正常。

（5）检查关闭凝汽器循环水进、出水管及水室所有放水门。

（6）开启凝汽器循环水进水门。

（7）开启凝汽器循环水出水门。

（8）开启凝汽器水室所有放空气门。

（9）确认循环水进、回水母管及循环水泵所有自动放气阀均开启。

（10）对循环水系统注水排气，待凝汽器水室放空气门见到连续水流后，关闭凝汽器水室放空气门。

（11）投入循环水泵轴承润滑水及电机冷却水，检查冷却水压力在 0.30MPa 以上。

（12）检查循环水泵电机推力轴承润滑油位、油质正常，油温大于 15℃。

（二）正常运行的巡检

1. 间冷机组

（1）循环水泵运转声音正常，振动值不大于 0.25mm，轴承温度小于 60℃，电机冷却风扇运行正常。

（2）循环水系统放水门关闭，系统无泄漏。

（3）循环水泵进、出口液控蝶阀油站油位正常，在 1/2～2/3 之间。

（4）循环水泵房集水坑水位正常，排污泵正常备用。

（5）间冷低位水箱、高位水箱水位正常。

（6）间冷塔内阀门井无积水。

（7）间冷各扇段进回水阀，放水阀正常无内漏。

（8）间冷旁路阀、紧急泄水阀无内漏，液压油无泄漏。

2. 湿冷机组

（1）加强对运行设备的监视，做到勤分析、勤调整。

（2）水泵设备应保持轴承润滑油脂占轴承空间的 1/3～1/2 为宜，轴承温度正常，轴承温度最高不超过 85℃。

（3）水泵轴封不发烫，不冒烟。

（4）各电动机运行中温度不超过电动机运行规定。

（5）各水泵轴承、电动机振动不超过规定范围。

（6）冷却塔风机减速箱内油位和油温应正常，无漏油，经常注意添加润滑油。

（7）冬季冰点温度下，冷却塔易发生结冰现象，应注意填料，塔筒裙边下沿等结冰现象，应及时采取相应措施化冰。

（8）定期检查冷却塔筒底淋水填料，冷却水淋水细度和密度应均匀，发现淋水出现水柱，淋水填料倾斜、塌落及水池内有飘浮杂物等，应及时汇报，并通知检修处理和清除。

（9）加强对循环水泵房、取水泵房内的管理，防止泵房满水。

（10）冷却塔集水池水位保持正常。

三、相关知识

（一）间接空冷系统及设备

间接空冷机组循环水系统主要由凝汽器、循环水泵、间冷塔、膨胀水箱、地下水箱、充水泵、补水泵及其管道、阀门等组成，其系统工艺流程如图 2-4-1 所示。

资源库 48_自然通风间冷塔

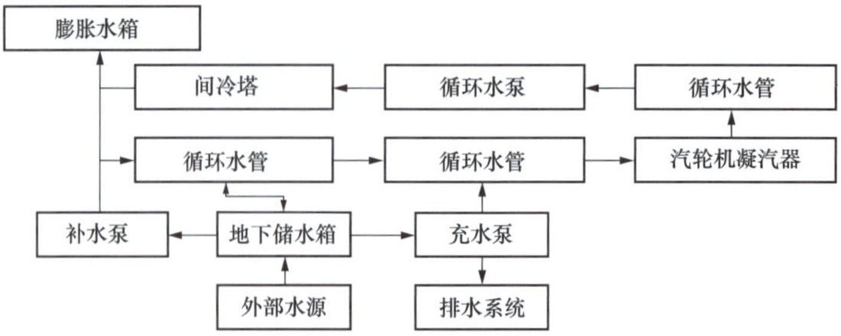

图 2－4－1　间接空冷系统工艺流程图

1. 凝汽器

资源库 49_凝汽器

凝汽器是一种换热器，其作用是将汽轮机排汽冷凝成水。凝汽器分为水冷凝汽器和空冷凝汽器两种。

某 660MW 间冷机组凝汽器为 N－38000 型，采用的是单壳体、对分、双流程、单背压表面式凝汽器，它由喉部、壳体、水室、与排汽缸刚性连接的排汽接管（低压外缸的一部分）、底部滑动与固定支座等组成的焊接结构、端盖、水室、管板与冷却部分、外壳等组成。凝汽器的整体结构如图 2－4－2 所示。

凝汽器有六个水室，进水侧和出水侧在同一侧，有四个独立的水室，两进两出；另外一侧为两个独立的水室，冷却水在该处水室改变流动方向，实现双流程凝汽器。在水室上还设有通风口、放气孔、排水孔等，外壳上安装磁式液位计来测量热井水位。

图 2－4－2　凝汽器的整体结构示意

2. 间冷循环水泵

循环水泵房布置在间冷塔附近。泵房内配有三台循环水泵并联运行，每台机组三台循环水泵中的两台为双速泵，一台为定速泵。

循环水泵是单级双吸卧式离心泵，具有水量大、扬程低、效率高的特点，效率可达 88%～91%。

（二）湿冷机组循环水系统及设备

资源库 50_循环水系统工艺流程

循环水系统主要由循环水泵、凝汽器换热系统、凝汽器循环水进出口门、冷却塔、胶球清洗装置等组成。图 2－4－3 所示为湿冷机组循环水系统。

1. 循环水泵

循环水泵是循环水系统的主要设备，它的作用是向凝汽器提供冷却水，以带走凝汽器内的热量，将汽轮机的排汽冷却成凝结水。小容量机组多采用卧式离心泵，大容量机组多采用立式轴流泵和混流泵，如图 2－4－4 所示。

资源库 51_循环水泵

2. 冷却塔

根据通风方式的不同，冷却塔一般分为自然通风冷却塔和机力通

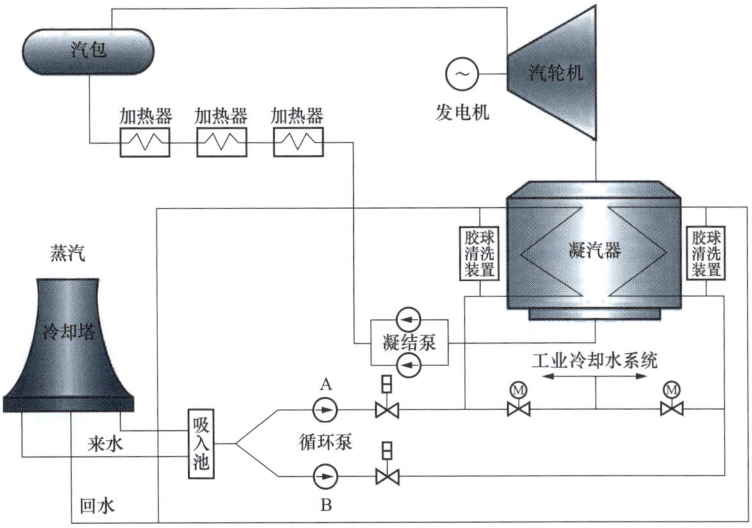

图 2-4-3　湿冷机组循环水系统

图 2-4-4　循环水泵

风冷却塔两种，如图 2-4-5 和图 2-4-6 所示。冷却水进入凝汽器吸热后，沿压力管道送至冷却塔内的配水槽中，冷却水沿着配水槽由冷却塔的中心流向四周，再由配水槽下部的喷淋装置溅成细小的水滴落入淋水装置，经散热后流入集水池，集水池中的冷却水再沿着供水管由循环水泵进入凝汽器中重复下一阶段的循环。水流在飞溅下落时，冷空气依靠塔身所形成的自拔力由冷却塔的下部吸入并与水流呈逆向流动，吸热后的空气由塔的顶部排入大气。

四、任务完成

登录 660MW 超超临界机组或 330MW 亚临界机组或 350MW 超临界循环流化床机组或 300MW 亚临界循环流化床机组系统平台，严格按规范巡检程序完成循环水系统的巡检工作。（提示：上述检查完毕后，应将检查结果记录在有关的记录簿内，对所发现的问题，应通知维修负责人予以消除。）间冷循环水系统、间冷塔检查卡见表 2-4-1，湿冷循环水系统、水塔检查卡见表 2-4-2。

资源库 52_自然通风冷却塔

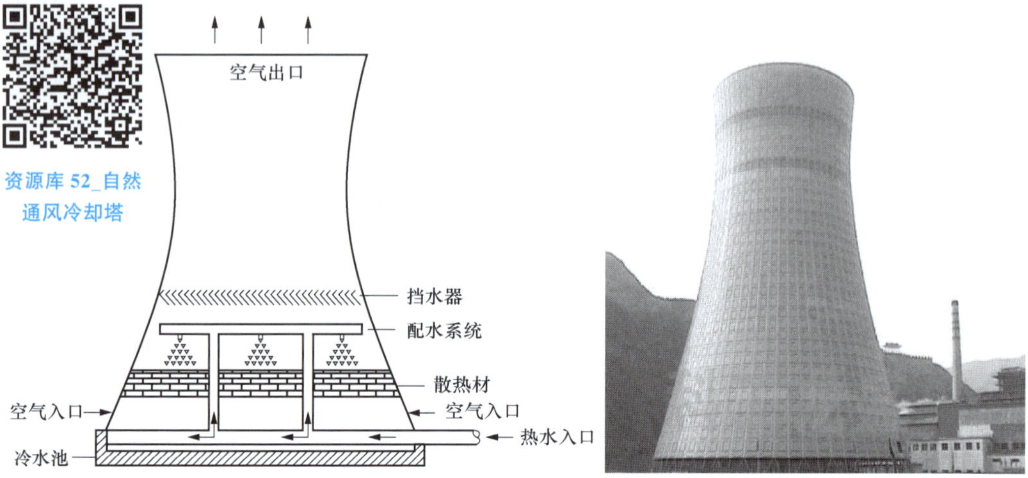

（a）　　　　（b）

图 2-4-5　自然通风冷却塔

（a）内部；（b）外形

资源库 53_机力通风冷却塔

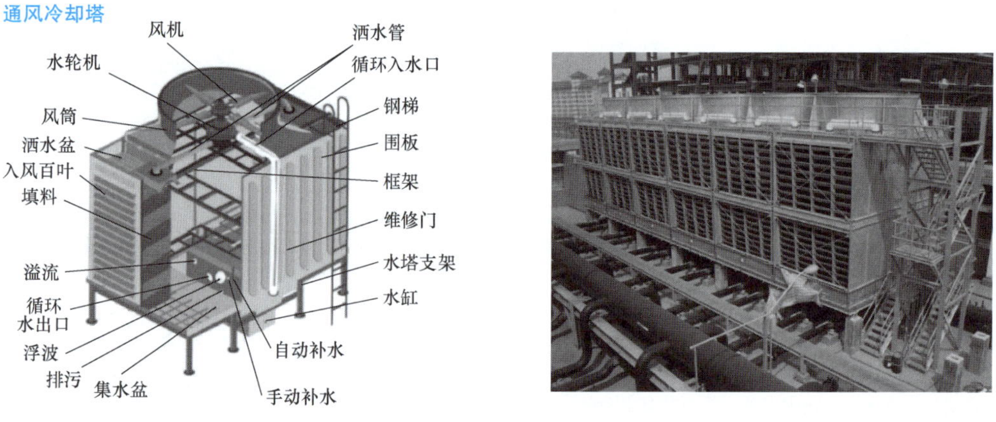

（a）　　　　（b）

图 2-4-6　机力通风冷却塔

（a）结构；（b）外形

表 2-4-1　　间冷循环水系统、间冷塔检查卡　　年　月　日

时间	循环水泵声音/电机冷却风扇	循环水泵轴承温度	循环水泵出口液控蝶阀油站油位/油压	循环水泵房集水坑水位	循环水泵房集水坑排污泵备用	间冷低位水箱水位	间冷高位水箱水位	间冷塔内阀门井	间冷百叶窗	间冷各扇段进回水阀/放水阀	间冷旁路阀、紧急泄水阀
0：00											
2：00											

续表

时间	循环水泵声音/电机冷却风扇	循环水泵轴承温度	循环水泵出口液控蝶阀油站油位/油压	循环水泵房集水坑水位	循环水泵房集水坑排污泵备用	间冷低位水箱水位	间冷高位水箱水位	间冷塔内阀门井	间冷百叶窗	间冷各扇段进回水阀/放水阀	间冷旁路阀、紧急泄水阀
4∶00											
6∶00											
8∶00											
10∶00											
12∶00											
14∶00											
16∶00											
18∶00											
20∶00											
22∶00											

表 2-4-2　　湿冷循环水系统、水塔检查卡　　年　月　日

时间	循环水泵声音/轴承油位	循环水泵轴承温度	循环水泵出口液控蝶阀油站油位/油压	循环水泵房集水坑水位	循环水泵房集水坑排污泵备用	循环水前池液位/滤网水位差	循环水泵房油箱油位	水塔喷淋水/填料	水塔冬季结冰
0∶00									
2∶00									
4∶00									
6∶00									
8∶00									
10∶00									
12∶00									
14∶00									
16∶00									
18∶00									
20∶00									
22∶00									

五、评价

根据工作任务的完成情况，对照评价项目和技术标准规范，逐项评价，确定技能水平和改进的要求。循环水系统巡检评价表见表 2-4-3。

表 2-4-3　　循环水系统巡检评价表

内容		评价	
学习目标	评价项目	个人评价	教师评价
知识目标	了解湿冷机组循环水系统工作原理、系统流程		
	了解间接空冷机组循环水系统工作原理、系统流程		
技能目标	检查循环水泵运行状态		
	检查凝汽器换热系统		
	检查凝汽器循环水进出口门		
	检查水冷冷却塔及附属设备		
	检查间冷塔及附属设备		
	检查胶球清洗装置		
	其他检查		
素质目标	沟通能力		
	团队合作能力		
	方法创新能力		
	突发事件处理能力		
改进要求			

六、课后练习

（1）简述湿冷机组及间接空冷机组循环水系统工作原理和结构组成。

（2）在仿真系统上练习循环水系统的巡检操作。

工作任务五　开式循环水系统巡检

间接空冷机组开式循环水系统即辅机冷却水系统，主要供闭冷水冷却器、真空泵冷却器、凝汽器抽真空母管冷却器及煤水处理系统用水。

湿冷机组开式循环水系统主要供闭式冷却水冷却器、汽轮机侧冷却器冷却水及转动机械的轴承和润滑油站冷却水、锅炉侧各辅机油站及轴承的冷却水。

一、任务描述

湿冷机组开式循环水系统巡检包括开式循环水泵、开式循环水系统管道及阀门、开式循环水系统用户。间接空冷机组开式循环水系统循环还包括机力通风塔及附属设备、机力通风塔水池水位、机力通风塔风机等。

二、任务分析

（一）启动前的检查与准备

1. 湿冷机组启动前的检查

（1）检查确认开式循环水系统检修工作结束，工作票终结。

（2）确认开式循环水系统各表计投入正确，各电动阀、气动阀状态正常，电源、气源已送。

（3）确认开式循环水系统各项连锁、保护试验正常。

（4）对系统进行全面检查，确认系统各阀门符合启动前状态。

（5）循环水系统已投运，压力正常。

（6）电动滤水器排污门、旁路门关闭。

（7）开式循环水系统各放水门关闭，母管放空气门开启，充水至空气门见水后关闭。

（8）确认至少有一用户供、回水门开启。

2. 间接空冷机组启动前的检查

（1）检修工作结束，工作票已终结，检查所有设备、管道完好，人孔门关闭。

（2）检查开式循环水系统所有阀门位置正确，相关设备按系统状况测绝缘合格后送电。

（3）检查开式循环水泵出口液控蝶阀油箱油位正常，油泵送电，启动液压油泵，检查油泵运行正常。

（4）检查机力通风塔水池、开式循环水泵前池及滤网应清洁干净，无污物，水质合格。

（5）机力通风塔内无人员及遗留杂物，人孔门关闭。

（6）联系除灰、脱硫、燃运确认开式循环水至其相应用户已隔离，投入闭式冷却水冷却器冷却水。

（7）检查排污坑水位正常，排污泵备用良好。

（8）确认机力通风冷却塔放水门关闭，通知化学人员，机力通风冷却塔补水至正常水位。

（9）开启开式循环水泵入口门，为系统注水，排尽开式循环水泵内和出口管空气。

（10）开式循环水泵、机力通风冷却塔风机电机、入口检修电动蝶阀、出口快关蝶阀、出口检修电动蝶阀测绝缘合格、送电，开关切至“远方”位置。

（11）确认控制电源和信号电源投入，各压力表表门打开，所有热工仪表指示良好。

（12）确认开式循环水泵保护及连锁试验正常，阀门传动试验正常。

（二）正常运行中的巡检

1. 湿冷机组开式冷却水系统正常运行中的巡检

（1）开式循环水泵电机外壳温度小于70℃。

（2）开式循环水泵电机驱动端轴承温度不大于80℃。

（3）开式循环水泵电机驱动端轴承振动小于0.07mm。

（4）开式循环水泵驱动端轴承温度小于80℃。

（5）开式循环水泵驱动端轴承振动小于0.07mm。

（6）开式循环水泵运行时声音正常。

（7）开式循环水泵出口压力0.3～0.5MPa。

（8）开式循环水泵出入口电动门及旁路电动门指示正确。

（9）开式循环水泵备用状况良好。

（10）开式循环水泵电机电流正常。

（11）开式循环水电动滤水器运行正常。

（12）水-水热交换器开式冷却水侧出入口压力及温度正常。

（13）开式循环水管道、阀门泄漏检查正常。

2. 间接空冷机组开式循环水系统正常运行中的巡检

（1）冷却塔水位应正常，否则应及时调节补水调节阀。

（2）根据化学水质化验报告，进行排污。

（3）当前池水位超低液位报警时，巡检员应检查平板滤网是否堵塞，若滤网有杂物堵塞，尽快联系维护人员清理。

（4）检查系统压力 0.6MPa 左右，冷却塔进水温度小于或等于 42℃，出水温度小于或等于 32℃。

（5）检查辅机循环水泵和电机轴承油位正常，辅机循环水泵轴承温升不得超过环境温度 40℃，轴承最高温度不得超过 80℃。

（6）检查电机电流、电机绕组温度，确保辅机循环水泵及电机不过载。

（7）监视辅机循环水泵振动、声音正常，振动值不大于 60μm，注意观察轴端密封水是否泄漏。

（8）检查辅机循环水系统自动反冲洗滤水器压差正常。

（9）检查各循环水支管不振动，各冷却器的出、入口压力及温度均在正常范围。

（10）监视各冷却器的回水温度调节阀工作正常。

（11）冬季运行时视水塔结冰情况，决定冷却水是否上水塔。如有结冰应及时调整冷却塔运行方式，并联系维护人员处理，以防损坏水塔构件及冰块堵塞平板滤网。

（12）冬季运行时，控制冷却塔出水温度在 15℃以上。

（13）水池内的污泥及其他杂物应结合大小修安排清理，冬季禁止将水池的水放尽。

（14）定期检查塔筒、支柱、水池无裂缝及渗漏现象。

（15）禁止在水池内游泳及向池内乱扔杂物。

三、相关知识

（一）开式循环水系统

资源库 54_开式冷却水系统

开式循环水系统主要为用水量大且对水质要求不高的设备提供冷却水。间冷机组开式循环水系统如图 2－5－1 所示。

（二）主要设备

1. 开式循环水泵

资源库 55_单级双吸离心泵

开式循环水泵为卧式单级双吸离心泵。离心泵组如图 2－5－2 所示。离心泵主要由泵体、叶轮、密封环、旋转轴、轴封箱等部件组成，有些离心泵还装有导轮、诱导轮、平衡盘等。

驱动机通过泵轴带动叶轮旋转产生离心力，在离心力作用下，液体沿叶片流道被甩向叶轮出口，液体经蜗壳收集送入排出管。液体从叶轮获得能量，使压力能和速度能均增加，并依靠此能量将液体输送到工作地点。

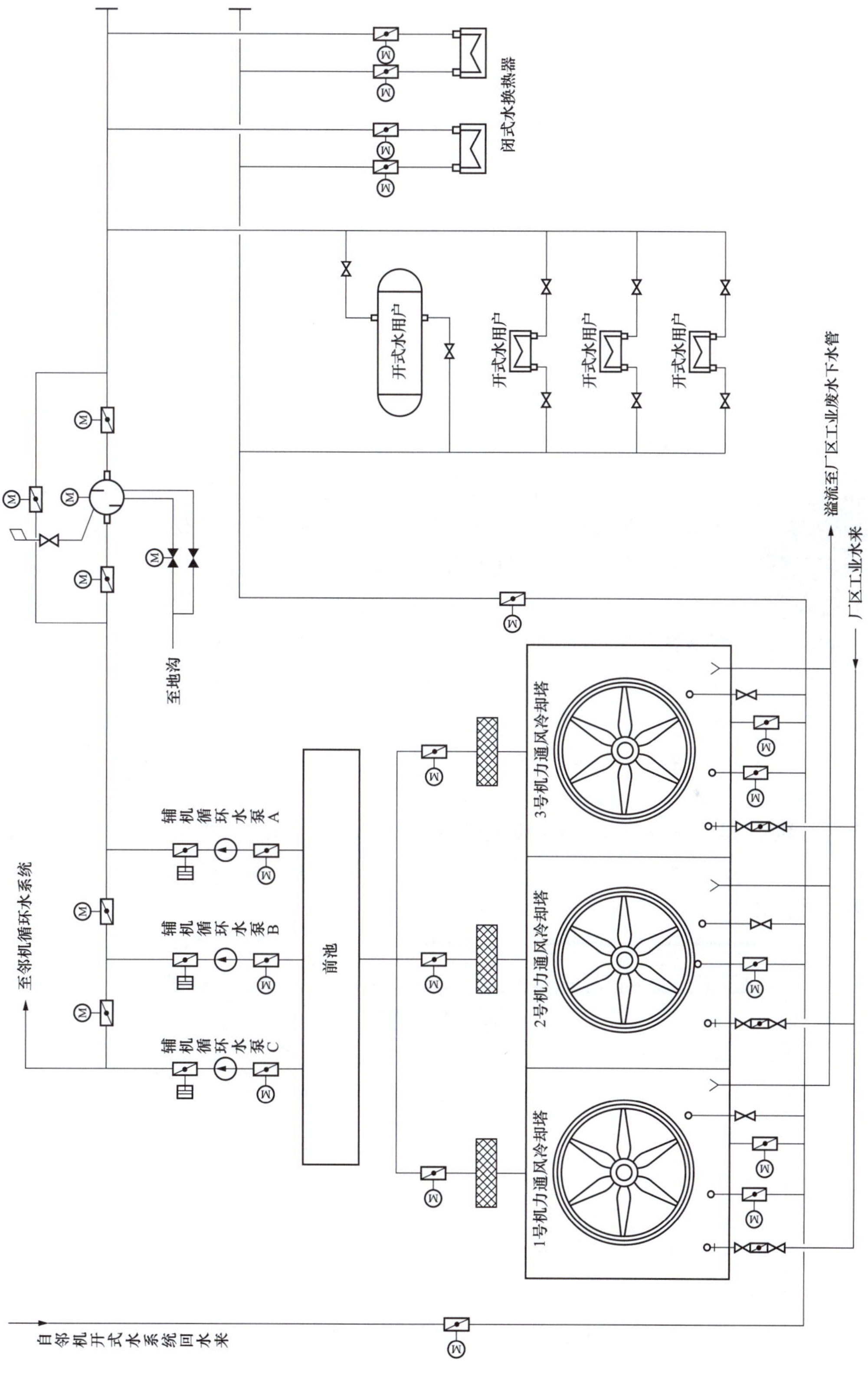

图2－5－1　间冷机组开式循环水系统

在液体被甩向叶轮出口的同时，叶轮入口中心处形成了低压，在吸液罐和叶轮中心处的液体之间就产生了压差，吸液罐中的液体在这个压差作用下，不断地经吸入管路及泵的吸入室进入叶轮中。

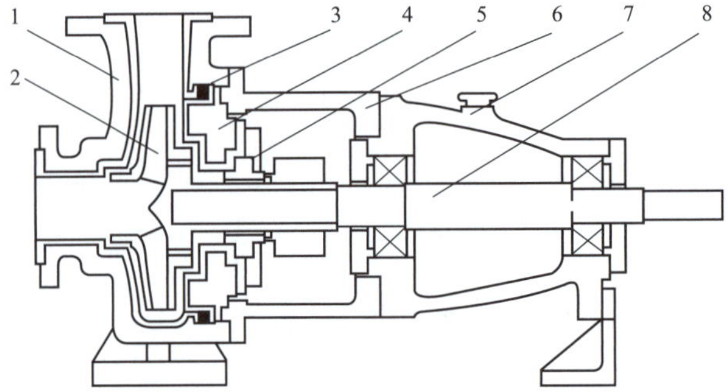

图 2-5-2 离心泵组示意

1—泵体；2—叶轮；3—密封圈；4—泵盖；5—机械密封；6—连接架；7—轴承座；8—泵轴

资源库 56_泵的汽蚀

当离心泵的进口压力小于环境温度下的液体的饱和蒸汽压时，液体中有大量蒸汽逸出，并与气体混合形成许多小气泡。当气体到达高压区时，蒸汽凝结，气泡破裂，气泡的消失导致产生局部真空，液体质点快速冲向气泡中心，质点相互碰撞，产生很高的局部压力。如果气泡在金属表面如叶片上破裂凝结，则会以较大的力打击叶片金属表面，使其遭到破坏，并产生振动，这种现象称为汽蚀现象。

2. 机力通风冷却塔

机力通风冷却塔布置在辅机冷却水泵房旁边，为开式抽风逆流式机械通风冷却塔，形状为方形，配水系统为管式压力配水。冷却塔由塔体、风筒、风机、导流装置、配水系统、收水器、淋水填料及填料承托架等组成。进入塔的水先经喷嘴喷成大片的水滴进行散热，然后经配水槽均匀分布，流入淋水填料，最后成若干水滴淋入水池。机力通风冷却塔结构如图 2-5-3 所示。

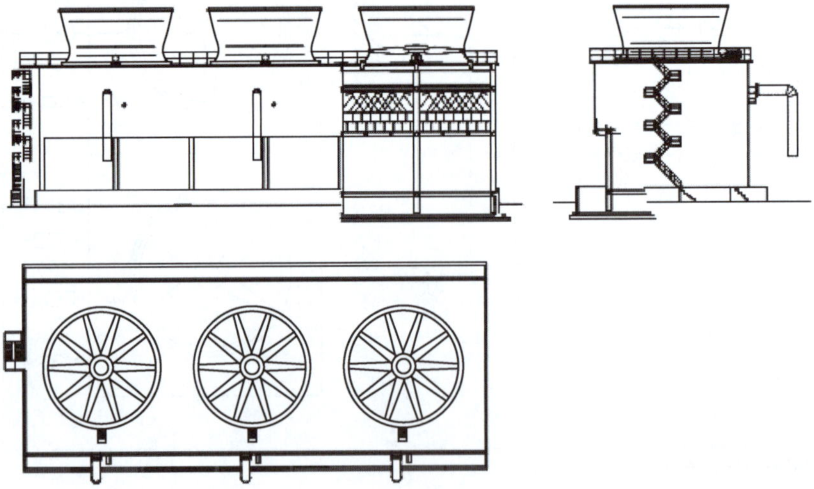

图 2-5-3 机力通风冷却塔结构

四、任务完成

登录660MW超超临界机组或330MW亚临界机组或350MW超临界循环流化床机组或300MW亚临界循环流化床机组系统平台，严格按规范巡检程序完成开式循环水系统的巡检工作。（提示：上述检查完毕后，应将检查结果记录在有关的记录簿内，对所发现的问题，应通知维修负责人予以消除。）开式循环水系统巡检卡见表2-5-1。

表2-5-1　　　　开式循环水系统巡检卡　　　　年　月　日

时间	冷却塔风机油位	冷却塔风机电机外壳/轴承温度	冷却塔风机电机轴承振动	冷却塔水位/淋水	冷却塔防冻门	开式泵电机外壳/轴承温度	开式泵电机轴承振动	开式泵运行时声音	开冷水电动滤水器	开式泵出口液控蝶阀	开式泵出口液控蝶阀油站油位/油压	开式泵房排污泵及控制箱
0：00												
2：00												
4：00												
6：00												
8：00												
10：00												
12：00												
14：00												
16：00												
18：00												
20：00												
22：00												

五、评价

根据工作任务的完成情况，对照评价项目和技术标准规范，逐项评价，确定技能水平和改进的要求。开式循环水系统巡检评价表见表2-5-2。

表2-5-2　　　　开式循环水系统巡检评价表

内容		评价	
学习目标	评价项目	个人评价	教师评价
知识目标	了解湿冷机组开式循环水系统流程、用户		
	了解间冷机组开式循环水系统流程、用户		
	了解间冷机组开式循环水系统工作原理、主要设备		
技能目标	开式循环水泵检查		
	开式循环水系统管道、阀门、用户的检查		
	机力通风冷却塔本体、水池水位检查		
	机力通风塔冷却风机检查		
素质目标	沟通能力		
	团队合作能力		
	方法创新能力		
	突发事件处理能力		
改进要求			

六、课后练习

（1）简述湿冷、间冷系统开式循环水系统流程。

（2）在仿真系统上练习开式循环水系统的巡检操作。

工作任务六　闭式循环水系统巡检

闭式循环水（也称冷却水）系统的作用是向汽轮机、锅炉、发电机的辅助设备提供冷却水，该系统为闭式回路。系统采用凝结水或除盐水作为补充水源，可防止冷却设备的结垢和腐蚀，防止通道堵塞并保持冷却设备的良好传热性能。

闭式循环水用开式循环水进行冷却。闭式循环水系统的正常补充水为凝结水，启动补水由凝结水补水来的除盐水完成。

一、任务描述

闭式循环水系统启动前的检查与准备内容包括：闭式循环水泵、闭式冷却器、闭式冷却水用户、闭式冷却水膨胀水箱、闭式冷却水管道及阀门。正常运行中的巡检内容包括：闭式循环水泵及电机状态、闭式循环水系统压力及温度、闭式冷却水膨胀水箱水位、闭式冷却水用户温度等。机组正常运行中应按规定定时对系统各设备进行巡检。

二、任务分析

（一）启动前的检查与准备

（1）检修工作已结束，工作票已终结，设备完整良好，现场整洁，各表计齐全，泵与电机连接完好，电机接地线连接完好。

（2）闭式循环水泵和电动阀门的电动机绝缘合格，送上电源。

（3）仪用压缩空气压力正常，各气动门灵活，开关良好。

（4）热工及电气保护连锁试验良好、报警正常，所有压力表一次门开启，仪表指示如温度、压力、电流及蝶阀阀位指示正确。

（5）开启闭式循环水泵出、入口电动阀。

（6）投入一台闭式冷却器，开启闭式冷却水侧出、入口门，开启闭式冷却水泵入口总门。

（7）关闭系统所有放水门，投入部分闭式冷却水用户使系统畅通，开启闭式冷却水箱补水门向闭式冷却水系统进行补水至膨胀水箱水位正常。通知化学人员化验闭式冷却水质合格。

（二）正常运行中的巡检

（1）闭式循环水母管压力 0.35～0.8MPa，温度小于 38℃，水质合格标准为 pH 值大于 9.5，电导率小于 30μS/cm。

（2）电机电流在额定范围内。

（3）电机与泵各部无异声、无异常振动和过热现象。

（4）各轴承温升不得超过环境温度 40℃。

三、相关知识

（一）闭式循环水系统工作流程

资源库 57_闭式冷却水系统

如图 2-6-1 所示，闭式循环水系统主要由闭式冷却水膨胀水箱、闭式循环却水泵、闭式热交换器、管道和阀门、用户等组成。系统流程：闭式膨胀水箱→闭式循环水泵→闭式循环水热交换器→各冷却器→闭式循环水泵进口。

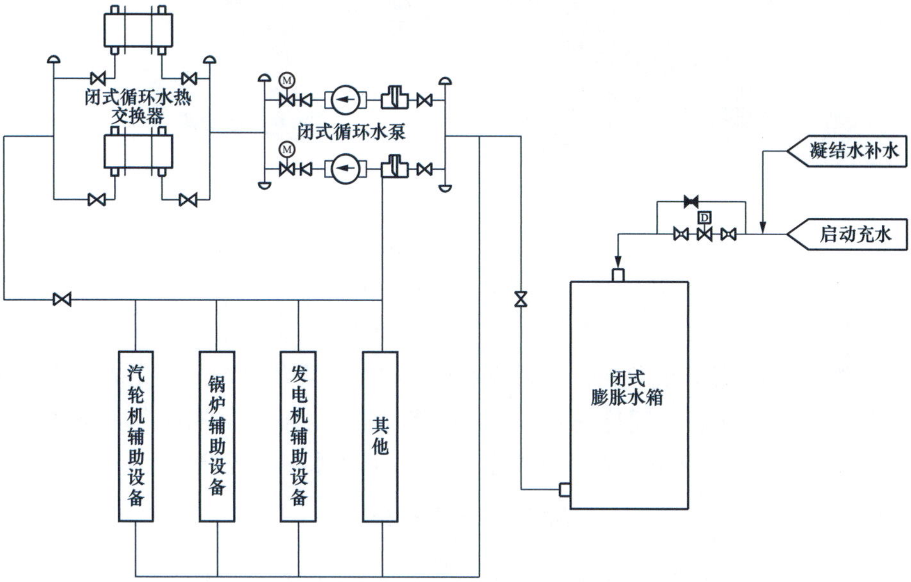

图 2-6-1　闭式循环水系统图

（二）主要设备

1. 闭式循环水泵

资源库 58_单级双吸离心泵的结构

闭式循环水泵如图 2-6-2 所示。其结构包括泵蜗壳、叶轮、机械密封、填料密封、轴承等部分。

蜗壳采用对开式结构，作用是使介质具有最理想的流向，将速度能量转变成压力能。叶轮采用双吸背靠背叶轮结构，将介质从进口向出口方向运送。机械密封和填料密封用于密封泵轴，减少泄漏。轴承采用脂润滑，用于固定叶轮、轴密封、轴承及联轴器，将动能传给叶轮及介质。

2. 闭式循环水热交换器

闭式循环水热交换器的作用是用开式循环水冷却吸热后温度上升的闭式循环水。热交换器的壳侧介质是凝结水，管侧介质是开式循环冷却水。

3. 闭式膨胀水箱

闭式膨胀水箱作为闭式循环冷却水的缓冲水箱，其作用是调节整个闭式循环冷却水系统循环水量的波动，以及吸收水的热膨胀。

四、任务完成

登录 660MW 超超临界机组或 330MW 亚临界机组或 350MW 超临界循环流化床机

（a）

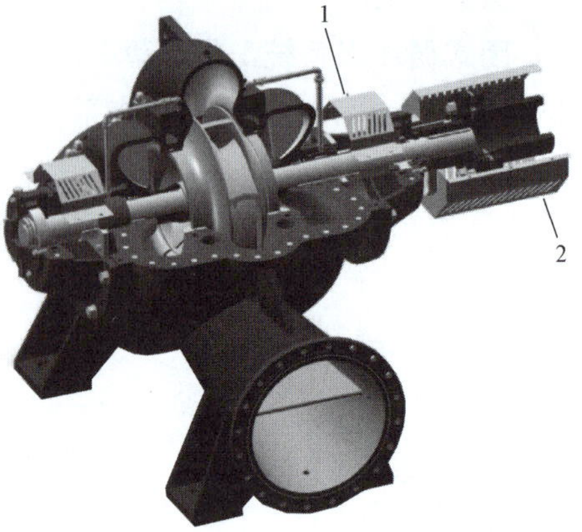

（b）

图 2-6-2　闭式循环水泵

（a）外形；（b）内部结构

1—安全罩；2—联轴器罩

组或 300MW 亚临界循环流化床机组系统平台，严格按规范巡检程序完成闭式冷却水系统的巡检工作。（提示：上述检查完毕后，应将检查结果记录在有关的记录簿内，对所发现的问题，应通知维修负责人予以消除。）闭式循环水系统巡检卡见表 2-6-1。

表 2-6-1　　**闭式循环水系统巡检卡**　　年　月　日

时间	闭式循环水泵电机外壳温度	闭式循环水泵电机驱动端轴承温度	闭式循环水泵电机驱动端轴承振动	闭式循环水泵轴端轴承温度	闭式循环水泵轴端轴承振动	闭式循环水泵运行时声音	闭式循环水泵出口压力	闭式循环水泵出入口电动门	各冷却器的出入口压力及温度	各冷却器的回水温度调节阀运行	系统管道及阀门泄漏情况	闭冷水箱水位	各冷却器的出入口压力及温度
0：00													
2：00													
4：00													
6：00													
8：00													
10：00													
12：00													
14：00													
16：00													
18：00													
20：00													
22：00													

五、评价

根据工作任务的完成情况，对照评价项目和技术标准规范，逐项评价，确定技能水平和改进的要求。闭式循环水系统巡检评价表见表2-6-2。

表2-6-2　闭式循环水系统巡检评价表

内　容		评　价	
学习目标	评　价　项　目	个人评价	教师评价
知识目标	掌握闭式循环水系统流程及设备结构		
	掌握闭式循环水系统正常运行中的巡检项目、标准、要求及方法		
技能目标	检查闭式循环水泵运行状态		
	检查闭式循环水热交换器		
	检查闭式循环水膨胀水箱水位		
	检查闭式循环水压力、温度		
	其他检查		
素质目标	沟通能力		
	团队合作能力		
	方法创新能力		
	突发事件处理能力		
改进要求			

六、课后练习

（1）简述闭式循环水系统流程、主要设备、主要用户。

（2）在仿真系统上练习闭式冷却水系统的巡检操作。

工作任务七　凝结水系统巡检

凝结水系统是指从凝汽器至除氧器之间与凝结水相关的管路与设备。凝结水系统的主要作用是把凝汽器热井的水送到除氧器。

亚临界及超临界参数以上机组，凝结水系统一般由凝结水泵、凝结水精除盐装置、轴封加热器、低压加热器等主要设备及其连接管道组成。

一、任务描述

凝结水系统启动前的检查与准备内容包括：凝汽器热井、凝结水泵、凝结水精处理装置、凝结水管道及阀门、低压加热器、除氧器等。运行中的巡检内容包括：凝结水泵运行状态、凝结水压力、凝汽器热井水位变化情况、凝结水泵滤网压差、凝结水管道及阀门泄漏情况等。

二、任务分析

（一）启动前检查

（1）检查凝结水系统检修工作结束，工作票已终结，联轴器连接完好，电机接地线连接完好；设备完整、现场整洁。

（2）检查仪用空气压力正常，各种信号电源、控制电源投入，热工各种仪表、保护投入，气动门开关正常，凝结水泵连锁保护校验合格。

（3）确认闭式冷却水、仪用气等有关系统运行正常。

（4）凝结水系统相关设备测绝缘合格、设备已送电。

（5）检查关闭系统中所有管道、设备的放水门，开启凝结水泵入口电动阀、入口滤网放空气手动阀。

（6）开启凝结水泵本体抽空气手动阀。

（7）通知化学人员启动除盐水系统。

（8）开启凝汽器补水调节阀前后隔离门及补水调节阀向凝汽器补水，凝结水泵入口滤网放空气手动阀见水后关闭。

（9）凝汽器水位上升至正常水位 1200mm（从底板底面算起），投入补水自动。

（10）投入闭式冷却水供凝结水泵电机冷却水。

（11）开启除盐水至凝结水泵密封水手动阀，投入凝结水泵密封水。

（12）检查凝结水再循环调节阀及其前后手动阀开启。

（13）开启除盐水至凝结水母管注水电动阀，对凝结水系统进行注水，系统放空气手动阀见水后关闭。

（二）正常运行中的巡检

（1）凝结水泵轴承油位在 1/3～2/3 之间，油质合格。

（2）凝结水泵推力轴承冷却水流量合适，水压 0.3～0.6MPa，水温小于 42℃。

（3）凝结水泵机械密封无泄漏，密封冷却水压力 0.25～0.6MPa，水温小于 42℃。

（4）水泵、电机运行无异声。

（5）凝结水泵在出口门关闭的情况下，运行时间不得超过 2min。

（6）当凝结水温度大于 60℃或混床出入口压差大于 0.35MPa，自动开启混床旁路。

（7）凝结水泵电机冷却水温度不得超过 33℃，最低不低于 5℃；进水压力为 0.15～0.3MPa。

三、相关知识

（一）凝结水系统

资源库 59_凝结水系统

图 2-7-1 所示为 660MW 超超临界机组凝结水系统图。凝结水从高背压凝汽器热井引出，然后分两路接至两台凝结水泵的进口，经升压后再合并成一路去凝结水精处理装置。系统设有两台全容量的电动变频凝结水泵，一台运行，另一台备用。每台泵的进口管道上装有电动隔离阀、滤网、止回阀、电动闸阀。两台凝结水泵上均设置抽空气管，将凝结水泵内空气排至凝汽器。凝结水泵启动密封水来自化水补水箱。

如图 2-7-2 所示凝结水泵的型式为立式筒袋式多级离心泵，共有四级叶轮。凝结水泵主要由外壳体、出水接管、泵轴、四级叶轮、联轴器、密封部件、泵座等部件构成。

（二）凝结水精处理

为了确保锅炉给水品质，在凝结水泵之后设置一套凝结水精除盐装置，以控制凝结水溶解固形物的浓度。

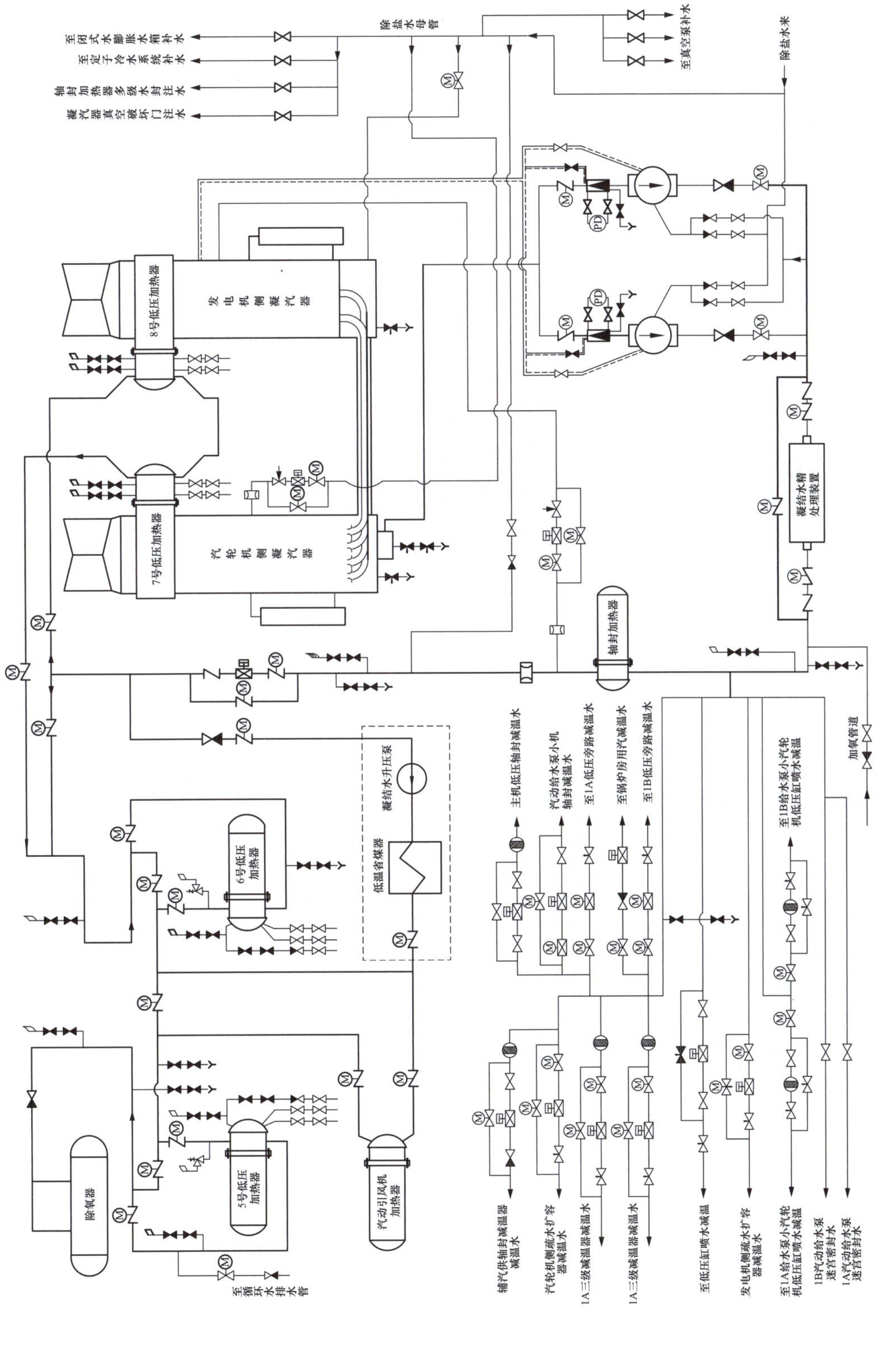

图2-7-1　660MW超超临界机组凝结水系统图

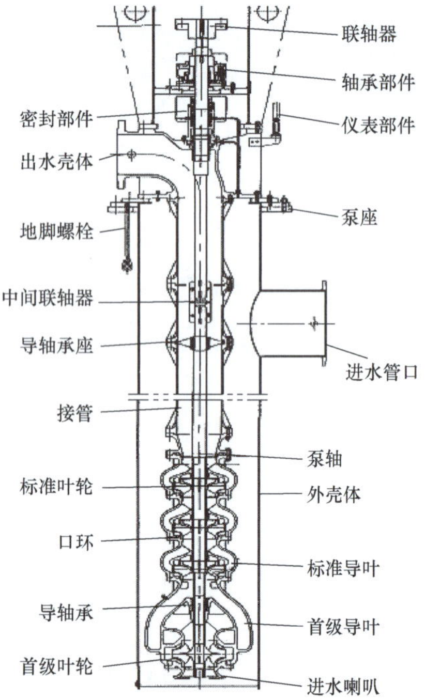

图 2-7-2　凝结水泵结构

资源库 60_凝结水泵

（三）轴封加热器

轴封加热器为表面式热交换器，汽侧回收并凝结轴封漏汽和门杆漏汽，产生的疏水引入凝汽器，依靠轴封风机维持汽侧的微负压状态，以防止蒸汽漏入环境或汽轮机润滑油系统，冷却水是主凝结水。

（四）除氧器水箱水位控制

除氧器水箱水位调节装置安装在轴封加热器和 7、8 号低压加热器之间。正常运行时，由调节阀利用除氧器给水箱水位、锅炉给水流量和凝结水流量三冲量控制，自动调节保持除氧器水位正常。

（五）低压加热器

资源库 61_低压加热器

四台低压加热器均采用全容量表面式加热器（抽汽压力由高到低为 5、6、7、8 号）。5 号和 6 号低压加热器为卧式，均采用小旁路，当加热器水位过高或因其他故障需要隔离检修时，关闭该加热器进、出口电动隔离阀，凝结水走旁路。7、8 号低压加热器为卧式组合结构，置于凝汽器喉部，采用大旁路。当其中任何一个故障时，进、出口电动隔离阀自动关闭，电动旁路阀自动开启，同时解列两个低压加热器。低压加热器结构如图 2-7-3 所示。

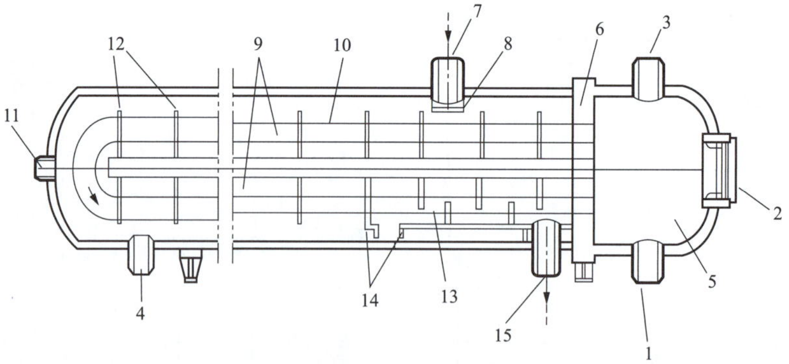

图 2-7-3　低压加热器结构

1—凝结水入口；2—人孔；3—给水出口；4—事故疏水；5—水室；6—管板；7—蒸汽入口；8—防冲板；9—凝结段；10—管束；11—上级疏水口；12—管子支撑板；13—疏水段；14—疏水冷却段密封件；15—疏水出口

（六）低温省煤器

排烟损失是锅炉运行中最重要的一项热损失，占锅炉热损失的60%～70%。影响排烟热损失的主要因素是排烟温度。一般情况下，排烟温度每增加10℃，排烟热损失增加0.6%～1.0%，相应煤耗率增加1.2～2.4g/kWh。在锅炉尾部烟道加装低温省煤器，可以达到深度回收烟气余热、增加发电量、降低煤耗、节省脱硫水耗、保护烟囱的目的。

（七）补充水系统

机组的补充水来自化学车间的补充水箱，系统启动补水及运行补水分别由凝结水输送泵和补充水泵来完成。一般两套机组补充水系统之间设有联络管，补充水系统可相互支援。

（八）各种减温水和杂项用水

为满足热力系统的运行需要，从凝结水精处理装置出口的主凝结水管上引出两路支管，再分别引出17根支管供给热力系统的不同部位。

四、完成任务

登录660MW超超临界机组或330MW亚临界机组或350MW超临界循环流化床机组或300MW亚临界循环流化床机组系统平台，严格按规范巡检程序完成汽轮机凝结水系统的巡检工作。（提示：上述检查完毕后，应将检查结果记录在有关的记录簿内，对所发现的问题，应通知维修负责人予以消除。）凝结水系统巡检卡见表2-7-1。

表2-7-1　　凝结水系统巡检卡　　年　月　日

时间	凝结水泵电机外壳温度	凝结水泵轴端/电机驱动端轴承温度	凝结水泵轴端/电机驱动端轴承振动	电机轴承/凝结水泵推力轴承油位	凝结水泵入口/出口压力	凝结水泵盘根密封水压力	凝结水泵电机冷却水、轴冷水供水压力	凝结水系统无泄漏	凝结水泵变频装置面板	排气装置水位	凝结水再循环调节门及前后手动门旁路电动门	凝结水主路调节门及前后电动门旁路电动门	凝结水温度
0：00													
2：00													
4：00													
6：00													
8：00													
10：00													
12：00													
14：00													
16：00													
18：00													
20：00													
22：00													

五、评价

根据工作任务的完成情况，对照评价项目和技术标准规范，逐项评价，确定技能水平和改进的要求。凝结水系统巡检评价表见表 2-7-2。

表 2-7-2　　凝结水系统巡检评价表

内容		评价	
学习目标	评价项目	个人评价	教师评价
知识目标	掌握凝结水系统设备结构		
	掌握凝结水系统的工作流程		
技能目标	检查凝结水就地阀门		
	检查凝结水系统所有设备与管道		
	检查相关设备通电		
	检查低压加热器和除氧给水系统		
素质目标	沟通能力		
	团队合作能力		
	方法创新能力		
	突发事件处理能力		
改进要求			

六、课后练习

（1）简述凝结水系统流程及设备组成、主要设备的工作原理及结构。

（2）在仿真系统上练习凝结水系统的巡检操作。

工作任务八　除氧给水系统巡检

除氧给水系统的主要作用是在机组各种负荷下，对主给水进行除氧、升压和加热，为锅炉提供数量和质量都满足要求的给水。

一、任务描述

除氧给水系统巡检工作包括除氧器启动前检查、除氧器运行中的巡检、给水泵启动前检查、给水泵运行中的巡检等项，每班按时对系统设备进行巡检。

二、任务分析

（一）除氧器启动前检查

（1）确认除氧器检修工作全部结束，工作票终结。管道保温良好，现场整洁。

（2）各电动门、调节阀绝缘合格，已送电。

（3）各电动门、调节阀的控制气源、控制电源应送上，阀门动作灵活。

（4）投入水位、压力测量装置，除氧器水位、压力连锁保护试验合格。

（5）确认凝结水系统运行正常，水质合格。

（6）辅助蒸汽系统已投运，母管压力、温度符合要求。

（7）检查关闭除氧器放水、溢流门。

（8）检查关闭除氧器充氮门。

（9）检查开启除氧器排氧门、启动排气门。

（10）检查关闭 2、3 号高压加热器疏水至除氧器调节阀。

（11）检查关闭辅助蒸汽至除氧器供汽电动门、调节阀。

（12）检查关闭高压加热器连续排气至除氧器手动门（投高压加热器前打开）。

（二）除氧器运行中的巡检

（1）除氧器正常运行中应对就地水位计和远方水位计进行校核。

（2）应经常核对除氧器参数显示正确，监视除氧器的压力、温度、水位及进水流量等正常，运行工况与机组负荷相适应。

（3）保持除氧器压力在 1.132MPa 运行，温度约 196.1℃；若除氧器压力达 1.3MPa 时，应检查除氧器安全门是否动作。

（4）正常运行时，除氧器水位应投入自动，正常水位中心线以上 600mm；若除氧器水位自动调节失灵，立即切至手动调节。

（5）AVT（加联氨、氨）运行工况时，监视除氧器出水含氧量小于 5μg/L；CWT（加氧）运行工况时，关除氧器排氧门。

（6）对除氧器各阀门、管道经常检查，不应有漏水、漏汽、汽水冲击振动等现象。

（7）辅助蒸汽供除氧器可靠备用。

（三）给水泵汽轮机（简称小机、小汽轮机）启动前检查

（1）检修工作结束，工作票已收回。

（2）设备及系统完好，系统各阀门按检查卡检查位置正确。

（3）系统各阀门、电机、仪表电源投入。

（4）油系统投入：

1）启动小机油箱排烟风机，油箱负压 1kPa，启动直流油泵向系统充油至油压稳定。若油温低于 20℃，应投入电加热器，调整油温至 35℃后停电加热器。

2）启动主油泵进行油循环，停直流油泵。润滑油压大于 0.12MPa。

3）检查各轴承回油正常，滤油器前后压差小于 0.05MPa，调整油温为 40～45℃。

4）油泵运行正常后，另一台主油泵投备用，直流润滑油泵投备用。

5）检查小机控制油压力正常。

（5）检查汽动泵具备启动条件（水侧已恢复，汽动泵密封水投入）。

（6）小机润滑油冷却器一组投入，另一组备用。

（7）小机冲转前 2h 应投入盘车，检查盘车转速为 80r/min，小机及泵内无异声，偏心正常。

（8）小机送轴封抽真空：

1）开小机轴封供汽门前疏水，轴封暖管至小机轴封供汽门前。

2）检查小机轴封系统应正常，暖管充分。

3）开启轴封回汽门，开启轴封供汽门，调整小机轴封供汽压力在35～45kPa，温度260～350℃，无吸气冒汽现象。

4）在送小机轴封后，根据主机情况进行抽真空，应密切监视主机真空正常。

（9）小机汽源管道暖管疏水；开启辅助蒸汽（四段抽汽）至小机电动门前疏水，充分疏水后再开启主汽门前疏水，并稍开辅助蒸汽（四段抽汽）至小机电动门，暖管至小机主汽门前。

（四）汽动泵及前置泵启动前检查

（1）检查前置泵轴承油位正常，油质良好，轴承冷却水投入；汽动泵轴承油压、油温正常。

（2）确认闭式冷却水、小汽轮机润滑油、小汽轮机轴封系统运行正常。

（3）前置泵、汽动泵机械密封冷却水回水水封注水排气结束，投入正常。

（4）关闭锅炉上水门及给水系统所有放水门，检查除氧器水位正常后，稍开前置泵入口门给水泵充水排空气，各放空气门见水后关闭，全开前置泵入口门。

（5）开启汽动泵再循环调节阀及前后隔离门，前置泵送电完成。

（6）检查前置泵入口压力正常，密封水投入正常，轴承油位、油压正常，油质合格。

（7）前置泵符合启动条件，启动前置泵，检查前置泵电流、声音及振动正常，各轴承温度正常，进、出口压力正常。

（五）给水泵汽轮机及汽动泵运行中的巡检

（1）各设备轴承振动、冷却水、密封水温度及轴承回油温度正常，并且畅通，汽动泵密封水回水温度不大于80℃。

（2）若滤油器压差大于0.05MPa应及时切换，并联系检修清洗。

（3）经常注意润滑油油质，定期联系化学人员化验。

（4）汽动给水泵的运行方式：

1）定压运行主机负荷小于40%额定负荷或滑压运行主机负荷小于30%额定负荷四抽汽不能满足需求时，小机汽源切换为辅助蒸汽。

2）小机备用汽源管道的疏水门开启或疏水器投入，以保证备用汽源能随时投入。

（六）汽动泵前置泵运行中的巡检

（1）前置泵运行振动不大于80μm，无异声，无泄漏情况。

（2）前置泵电机轴承温度不大于90℃。

（3）前置泵电机外壳温度小于70℃。

（4）前置泵轴端轴承温度小于80℃。

（5）前置泵入口滤网压差小于50kPa。

（6）密封水压力、温度正常。

（7）系统管道及阀门无泄漏正常。

（七）给水泵汽轮机润滑油系统运行中的巡检

（1）润滑油泵运行振动不大于80μm，无异声，无泄漏情况。

（2）润滑油泵出口压力大于 0.6MPa。

（3）润滑油泵电机外壳温度小于 70℃。

（4）排烟风机运行正常，无异声。

（5）润滑油箱油位正常 1100～1150mm。

（6）系统管道及阀门无泄漏正常。

（八）电动给水泵启动前检查

（1）确认电动给水泵检修工作全部结束，工作票终结。现场整洁，管道保温良好，周围无妨碍运行的杂物。

（2）表计齐全，各压力表、流量表一、二次门开启，信号及仪表电源已送。

（3）各电动门、气动阀电源、气源已送，开关试验正常。

（4）确认电动给水泵所有静态连锁保护试验合格。

（5）检查除氧器水质合格，水位正常。

（6）检查稀油站油位正常，油质良好，润滑油滤网、冷油器油侧投用正常。

（7）启动电动给水泵稀油站一台润滑油泵，检查润滑油压力在 0.15MPa 以上，投入另一台泵备用。检查各轴承油位、油流正常，油系统无漏油。

（8）按阀门检查卡检查给水系统各阀门处于启动前位置，重点检查邻机相关阀门已经隔离并断电挂牌。

（9）确认循环水、开式冷却水、闭式冷却水、凝结水系统运行正常。

（10）投入油站冷油器、电机空冷器冷却水。

（11）投入机械密封水滤网，投入给水泵机械密封冷却水，检查冷却水压力、流量正常，无泄漏，注意对机械密封水管路排空气。

（12）电动给水泵注水：

1）关闭电动给水泵出口门及所有放水门。

2）开启泵体及给水管路系统放气门。

3）稍开电动给水泵进口电动门，从除氧器注水到电动给水泵出口门，对系统排空气后关闭放气门，全开电动给水泵进口电动门，注意在注水放气期间，除氧器水位保持正常。

4）注水时，应多次对密封水回路排空气，检查给水管路无泄漏。

（13）开启电动给水泵再循环门前电动门，开启再循环调节阀，投入自动。

（14）送上电动给水泵电机电源。

（九）电动给水泵组正常运行中的巡检

（1）检查泵组及给水系统管道、设备应无漏水。

（2）检查电动给水泵电流、轴承振动、电机绕组温度、给水流量、进出口压力、进口滤网压差应正常。

（3）检查润滑油压力、油温、各轴承油流、油滤网前后压差应正常。油箱油位、油质正常，油管路无漏油。

（4）泵组冷却水系统、机械密封系统、密封水系统、油系统及给水管道无泄漏。

（5）检查除氧器水位、压力正常，给水泵无汽化、无冲击现象。

三、 相关知识点

给水溶解的气体中，危害最大的气体是氧气，它对热力设备造成的氧腐蚀通常发生在给水管和省煤器内，短期内会出现穿孔的点状腐蚀，严重地影响发电厂安全运行。此外，在热交换设备中存在不凝结气体还会妨碍传热，降低传热效果。因为气体是不凝结的，它可在传热面上形成空气层，增大传热热阻。因此，随着锅炉参数的提高，对给水的品质要求越来越高，尤其是对水中的溶解氧量的限制更严格，对于超超临界机组的直流炉甚至要求给水彻底除氧。

（一）除氧器

资源库 62_热力除氧原理

1. 除氧原理

除氧器的水被定压加热时，水的蒸发量不断增加，从而使水面上水蒸气的分压力增高，相应的水面上其他气体分压力降低（一部分气体由除氧器的排气口排出）。当水加热至除氧器工作压力下的饱和温度时，水蒸气的分压力就会接近水面上混合气体的全压力，此时水面上其他气体的分压力将趋近于零，根据亨利定律，溶解于水中的气体将不断地逸出水面，最终全部从除氧器排气管中排走。

资源库 63_旋膜除氧器结构

2. 除氧器结构及运行方式

除氧器按照其结构，可分为有头除氧器和无头除氧器。

有头除氧器，采用双容器结构（除氧头-水箱），除氧头采用不锈钢复合板，水箱采用碳钢，如图 2-8-1 所示。其除氧形式一般为喷雾淋水盘式，通过喷嘴雾化，除去大部分氧气；深度除氧阶段，凝结水一层一层交错向下流动，蒸汽从下部进淋水箱，主要使用汽轮机低压抽汽。

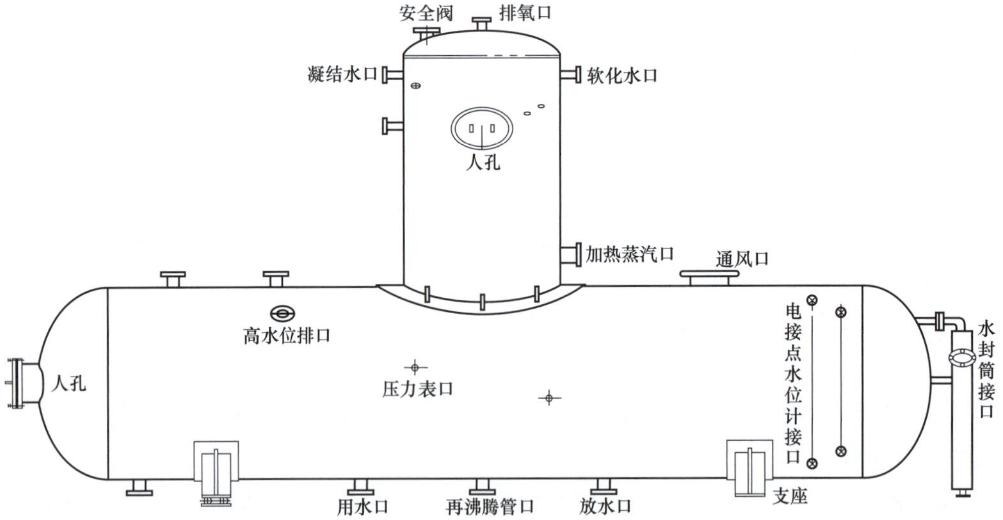

图 2-8-1　有头除氧器结构示意

无头除氧器为内置除氧头式除氧器，集除氧和储水于一体的型式。主要部件有壳体、恒速喷嘴、加热蒸汽管、挡板、蒸汽平衡管、排氧口、出水管及安全门、测量装置、人孔等，如图 2-8-2 所示。

除氧器一般设有两路汽源：四段抽汽和辅助蒸汽来汽，大多采用定压-滑压运行。在机组启停过程中负荷小于 15%BMCR 时，除氧器定压运行，借助辅助蒸汽将除氧器压力维持在 0.15MPa，当四段抽汽压力满足要求时切换至四段抽汽供除氧器，进入滑压运行阶段，这时除氧器内工作压力随机组负荷变化而相应变化。

资源库 64_除氧器结构（有头）

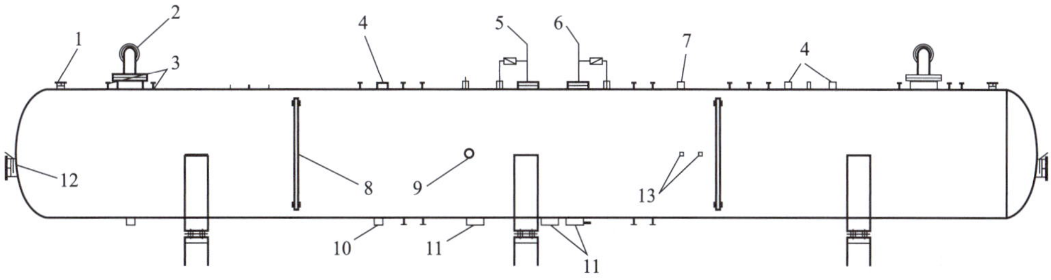

图 2-8-2　内置式无头除氧器结构示意

1—安全门；2—进水口；3—排气口；4—再循环接口；5—四抽供汽接口；6—辅助蒸汽供汽接口；7—高压加热器疏水接口；8—就地水位计；9—溢流口；10—放水口；11—出水口；12—人孔；13—压力测点

（二）主给水系统

主给水系统是指从除氧器给水箱经前置泵、给水泵、高压加热器到锅炉省煤器前的全部给水管道，还包括给水泵的再循环管道、各种用途的减温水管道以及管道附件等，主要作用是把除氧水升压后，通过高压加热器加热供给锅炉，提高循环的热效率，同时提供高压旁路减温水、过热器减温水及再热器减温水等。

资源库 65_主给水系统流程

给水管道按工作压力划分，从除氧器水箱出口到前置泵进口管道，称为低压给水管道；从前置泵出口到锅炉给水泵入口管道，称为中压给水管道；从给水泵出口到锅炉省煤器的管道，称为高压给水管道。给水系统配置一台 100%容量的汽动给水泵，给水泵与给水泵汽轮机同轴布置在 15.5m 运行平台；设置电动前置泵，前置泵布置在 0m。给水泵出口只设置止回阀，无隔离阀，锅炉给水操作平台设置在高压加热器前的给水管道上。给水泵汽轮机是单缸、双分流、反动式、纯凝式汽轮机，汽源分别是正常运行中的四段抽汽来汽和启停机时辅助蒸汽联箱来汽，排汽直接进入主机凝汽器。660MW 超超临界机组 100%容量单台汽动泵主给水系统图如图 2-8-3 所示。

1. 汽动给水泵前置泵

汽动给水泵前置泵一般为离心泵，主要由泵壳、叶轮、叶轮密封环、轴承、轴、联轴器及泵座等部件组成，其结构示意图如图 2-8-4 所示。

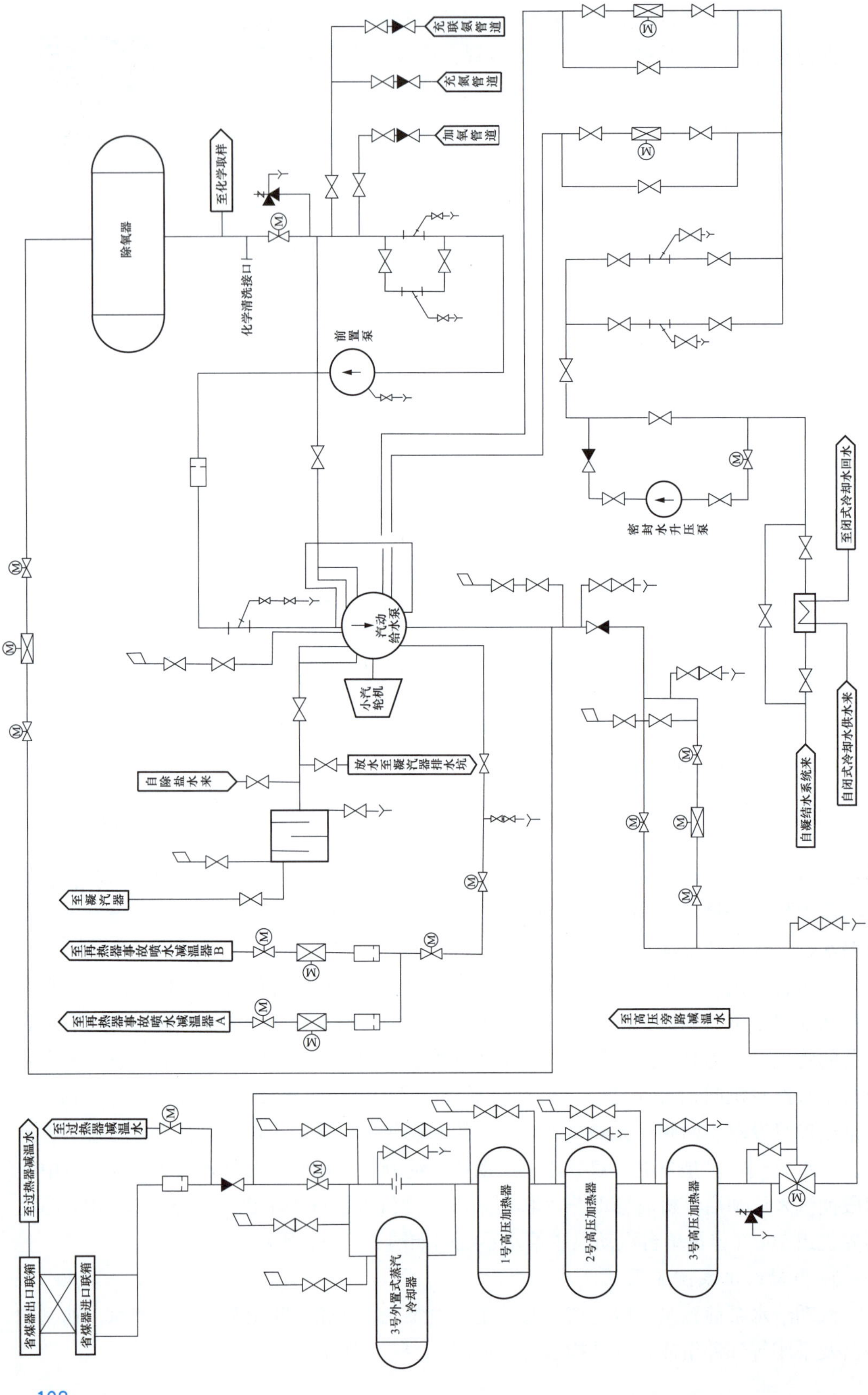

图 2-8-3　660MW 超超临界机组 100% 容量单台汽动泵主给水系统图

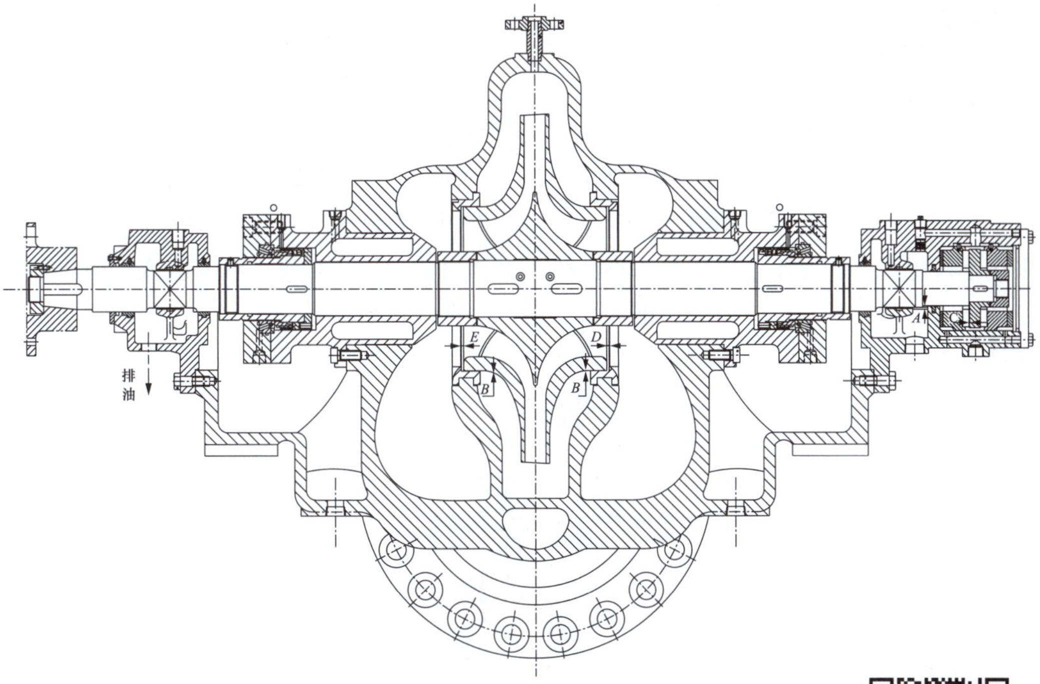

图 2-8-4　汽动给水泵前置泵结构示意图

资源库 66_汽动给水泵

2. 汽动给水泵

汽动给水泵一般为卧式、水平、多级筒体式离心泵；汽动泵主要由泵的芯包、内外泵壳、水力部件、中间抽头、平衡装置、轴承、轴封以及泵座等部件组成，其结构示意图如 2-8-5 所示。

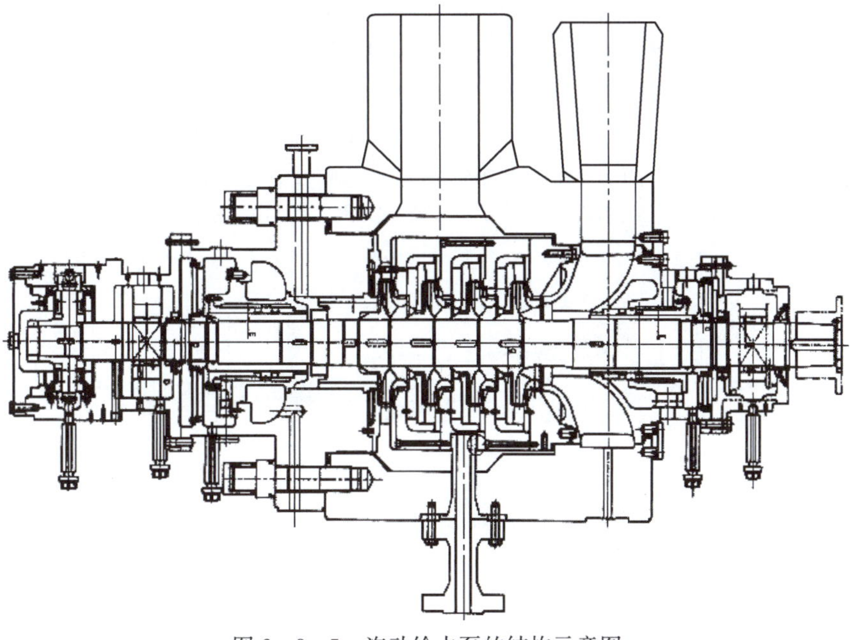

图 2-8-5　汽动给水泵的结构示意图

资源库67_小汽轮机

3. 小汽轮机

目前火力发电厂使用较多的是电动机驱动和小汽轮机驱动给水泵。

（1）电动机驱动。采用电机驱动的给水泵又称为电动泵。对于电动定速泵，电动机一旦通电工作，其转速不变。对于电动调速泵，通过液力耦合器的控制机构来改变给水泵的转速以适应锅炉负荷需要。

（2）小汽轮机驱动。随着汽轮发电机组功率的不断增大和参数的不断提高，给水泵采用小汽轮机直接驱动已趋广泛。小汽轮机本体由转动部分和静止部分组成。静止部分包括汽缸、静叶环、静叶持环、轴承和汽封等部件。转动部分由主轴、转鼓、动叶和联轴器等组成。图2-8-6和图2-8-7所示为小汽轮机纵剖面和转子。

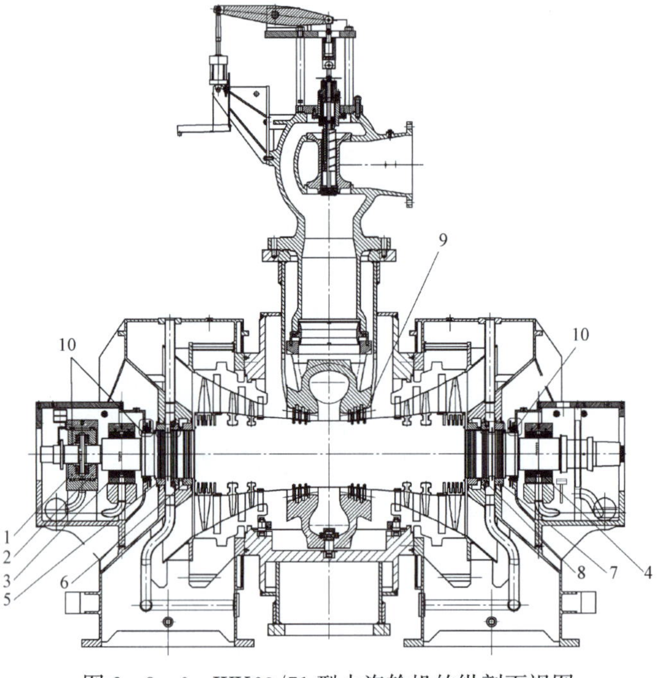

图2-8-6 WK63/71型小汽轮机的纵剖面视图

1—推力轴承；2—推力轴承推力块；3—前径向轴承；4—后径向轴承；5—前汽封短汽封片；6—前汽封汽封片；7—后短汽封汽封片；8—后汽封汽封片；9—内缸汽封汽封片；10—推力轴承及油封环密封齿

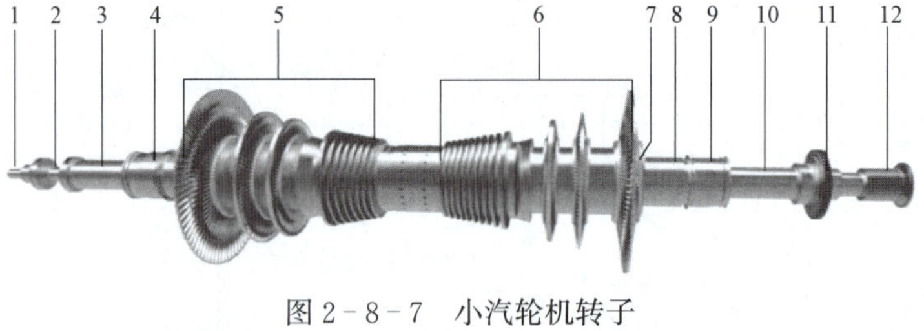

图2-8-7 小汽轮机转子

1—前伸轴段/联轴器；2—推力盘；3—前轴颈；4—前汽封；5—前段动叶；6—后段动叶；7—主平衡面；8—后汽封；9—辅助平衡面；10—后轴颈；11—盘车棘轮/齿轮；12—联轴器

4. 电动给水泵组

（1）前置泵。电动给水泵前置泵为离心泵，其本体结构性能与汽动给水泵基本相同。

(2) 电动给水泵。电动给水泵在机组启动阶段向锅炉输送高压给水，满足机组启动初期给水的需要；在机组正常运行期间，一旦汽动给水泵发生故障退出运行，电动给水泵作为备用泵投入运行，维持机组正常运行。电动给水泵一般为卧式、水平、多级筒体式离心泵，其本体结构性能与汽动给水泵基本相同，其结构如图 2-8-8 所示。

资源库 68_电动给水泵

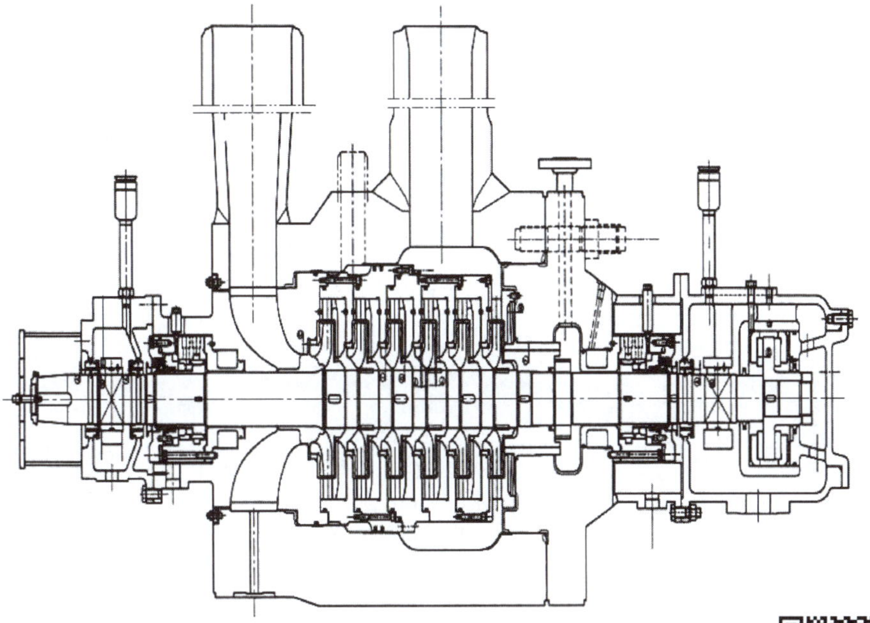

图 2-8-8　电动给水泵结构示意

(3) 电动给水泵液力耦合器。液力耦合器是借助液体为介质传递功率的一种动力传递装置，主要由主动轴、泵轮、涡轮、旋转内套、勺管和从动轴等组成。其调节机构示意图见图 2-8-9。

资源库 69_液力耦合器

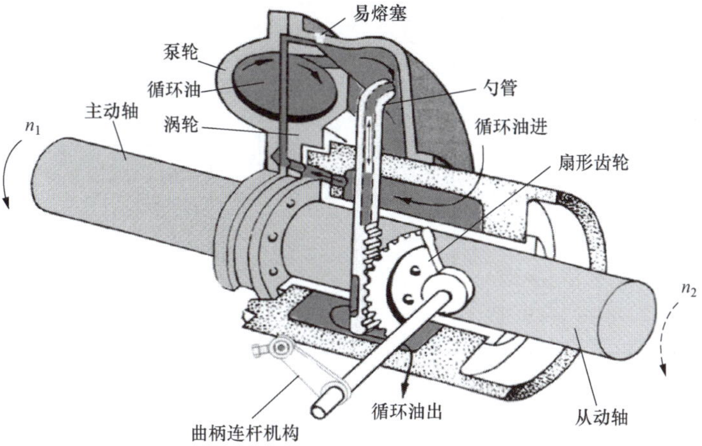

图 2-8-9　液力耦合器调节机构示意

5. 给水泵最小流量再循环装置

给水泵出口止回阀前设置独立的再循环装置，其作用是保证给水泵最小稳定的工作流量，以免在机组启停和低负荷时发生汽蚀。

6. 锅炉给水量控制

正常运行中锅炉给水流量控制主要通过调节给水泵小汽轮机转速实现。给水操作平台只作为给水流量的辅助调节手段。

四、 完成任务

登录660MW超超临界机组或330MW亚临界机组或350MW超临界循环流化床机组系统平台，严格按规范巡检程序完成除氧给水系统的巡检工作。（提示：上述检查完毕后，应将检查结果记录在有关的记录簿内，对所发现的问题，应通知维修负责人予以消除。）除氧给水系统巡检卡见表2-8-1。

表2-8-1　　除氧给水系统巡检卡　　年　月　日

时间	除氧水箱安全门/排氧门	除氧器正常水位	除氧器放水门/溢流门	除氧器本体及管道保温、吊架	除氧器本体	除氧头及除氧水箱的压力及温度	给水泵及小机声音	汽动泵轴承温度/振动	机械密封水温、冷却水压力	轴承润滑油压力/回油流量	闭冷水轴承冷却水进回水压力	泵体、水管路系统/油系统泄漏	汽动泵推力轴承温度	润滑油冷油器进/出口温度	润滑油压/二次油压	给水操作平台阀门状态	电动给水泵/前置泵振动	电动给水泵/前置泵轴承温度	电动给水泵/前置泵油位	前置泵/主泵滤网压差
0：00																				
2：00																				
4：00																				
6：00																				
8：00																				
10：00																				
12：00																				
14：00																				
16：00																				
18：00																				
20：00																				
22：00																				

五、 评价

根据工作任务的完成情况，对照评价项目和技术标准规范，逐项评价，确定技能水平和改进的要求。除氧给水系统巡检评价表见表2-8-2。

表 2-8-2　　除氧给水系统巡检评价表

内　　容		评　　价	
学习目标	评　价　项　目	个人评价	教师评价
知识目标	掌握给水系统组成		
	了解给水系统的工作流程		
技能目标	检查小机油系统		
	检查给水系统所有设备与管道		
	检查除氧器及附属管道设备		
	检查高压加热器系统、阀门		
	检查小汽轮机/汽动泵/电动给水泵/前置泵		
素质目标	沟通能力		
	团队合作能力		
	方法创新能力		
	突发事件处理能力		
改进要求			

六、课后练习

（1）简述除氧给水系统组成及流程。

（2）在仿真系统上练习除氧给水系统的巡检操作。

工作任务九　轴封系统巡检

轴封蒸汽系统的主要功能是向汽轮机的轴端供密封蒸汽，防止蒸汽向外泄漏，同时为了防止空气进入轴封系统，在高压区段最外侧的一个轴封汽室必须将蒸汽和空气的混合物抽出，以确保汽轮机有较高的效率；在汽轮机的低压区段，则必须向汽室送汽防止外界的空气进入汽轮机内部。

一、任务描述

轴封系统启动前的检查内容包括：阀门、凝汽器及凝结水系统、汽轮机本体疏水阀等。轴封系统运行中的巡检内容包括：监视运行参数、轴加风机、轴封加热器等项，每班应按时对各设备进行巡检。

二、任务分析

（一）启动前检查

（1）检查检修工作已结束，工作票已终结，管道保温完好。

（2）确认汽轮机处于盘车状态。

（3）确认循环水、凝结水、辅助蒸汽系统运行正常；热态启动必须先送轴封汽后抽真空。

（4）各设备绝缘测试合格，各电动门、调节阀及轴加风机送电。

（5）检查轴封冷却器水侧已随凝结水系统投入。

（二）运行中的巡检

（1）机组在超过30%负荷时，轴封系统达到自密封，由溢流阀控制轴封母管压力在28～31kPa，汽轮机轴封不冒汽、不吸气。

（2）低压轴封蒸汽温度正常维持在120～180℃，当低压轴封蒸汽温度达到150℃时，低压轴封供汽减温水投入自动。

（3）维持轴封加热器微负压（0.50～0.75kPa），轴封加热器水位正常。

（4）轴加风机运行平稳，无异常振动和异声。

（5）轴封蒸汽投入后，应注意主机上、下缸温差、胀差等重要参数，检查各轴封处是否冒汽及声音是否正常。

（6）根据负荷变化，注意轴封汽源的切换。

（7）正常运行中，应打开辅助蒸汽和冷再热器供轴封管道有压疏水，保持轴封系统的辅助蒸汽和冷再热器供汽处于备用状态。

三、 相关知识

汽轮机工作时，转子高速旋转而静止部分不动，为了避免相互间碰撞或摩擦，动、静部分之间必须留有一定的间隙。该间隙两侧在汽轮机工作时又存在压差，这样就会有部分蒸汽通过间隙泄漏，不仅造成能量的损失，也造成工质的损失，使汽轮机的效率降低。为了减少漏汽（气）损失，在汽轮机的相应部位设置了汽封。

根据汽封在汽轮机上装设位置的不同，汽封可分为轴端汽封、隔板汽封和通流部分汽封，如图2－9－1所示。在汽轮机主轴穿出汽缸两端处的汽封称为轴端汽封（简称轴封），隔板内圆与转子轴颈之间的汽封称为隔板汽封；通流部分汽封包括叶片顶部和叶片根部的汽封。

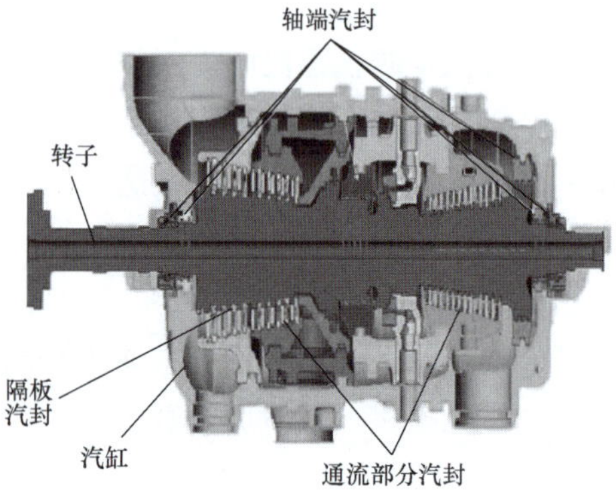

图2－9－1　汽封

资源库70_汽轮机汽封

（一）轴封型式

现代汽轮机中通常采用曲径式汽封，其主要形式有梳齿形、J形和枞树形。其中枞树形汽封因结构复杂，应用较少。

1. 梳齿形

如图2－9－2所示，梳齿形汽封是汽轮机中应用最为广泛的一种汽封。图2－9－2（a）为高低齿梳齿形汽封，在汽封环上直接车出或镶嵌封齿，汽封齿高低相间；图2－9－2（b）为平齿梳齿形汽封，其结构比高低齿汽封结构简单，但阻汽效果差些。

2. J形汽封

图2－9－3所示为J形汽封，它的汽封齿截面呈J形，由厚度为0.2～0.5mm的不锈钢或镍铬合金薄片制成，用不锈钢丝嵌压在转子或汽封环的凹槽中。

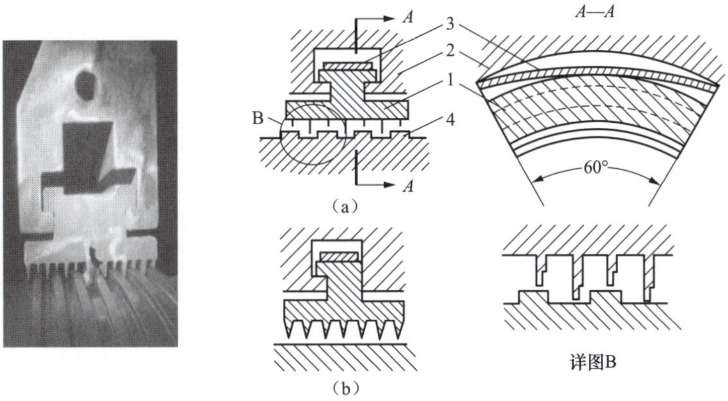

图 2-9-2　梳齿形汽封

(a) 高低齿梳齿形汽封 (b) 平齿梳齿形汽封

1—汽封环；2—汽封体；3—弹簧片；4—环形凸台或有凸环的汽封套

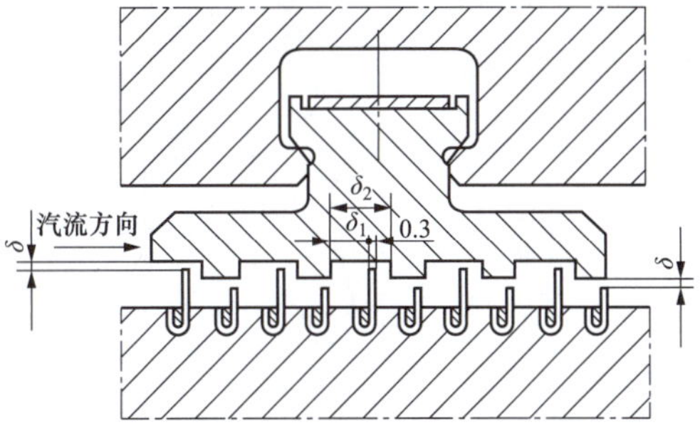

图 2-9-3　J形汽封

3. 布莱登活动汽封

图 2-9-4 所示为布莱登活动汽封，它取消了传统梳齿形汽封背弧上的弹簧压片，在汽封块端部加装了弹簧。这种汽封具有较高的经济性和安全性。

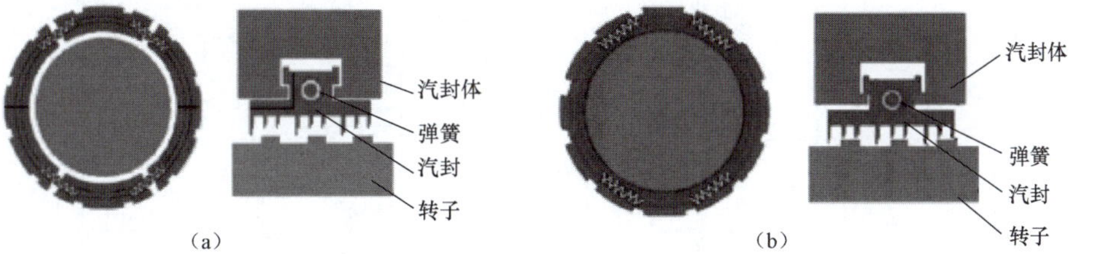

图 2-9-4　布莱登活动汽封示意

(a) 未工作时的状态；(b) 工作时的状态

(二) 轴封系统

图 2-9-5 所示为 660MW 超超临界汽轮机的轴封系统，它主要由轴端汽封、轴封供汽母管、供汽站、溢流站、温度调节站、轴封回汽管、轴封加热器、轴加风机等组成。

资源库 71_轴封系统

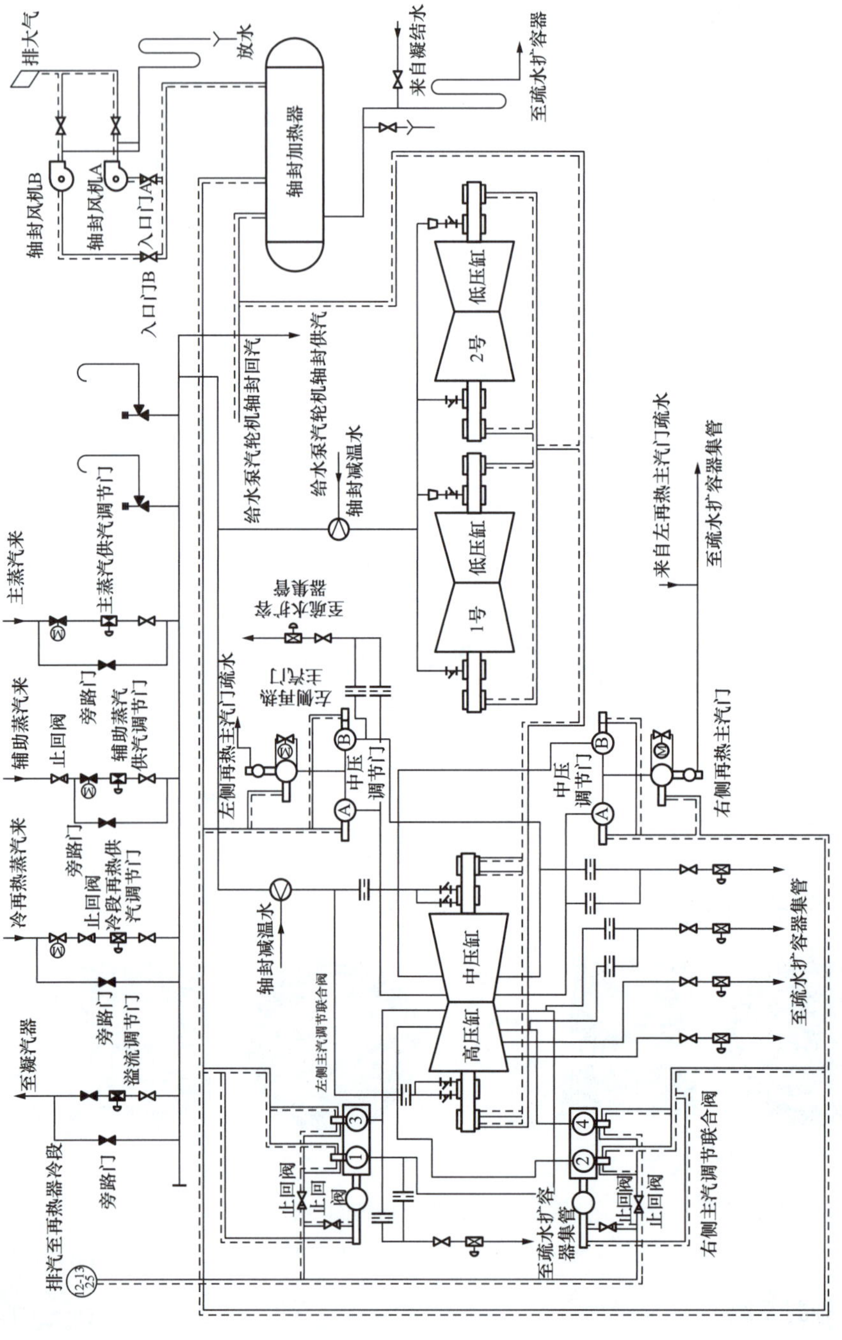

图2-9-5 660MW超超临界汽轮机的轴封系统

轴封系统采用单一的辅助蒸汽作为外部供汽汽源，为保证轴封供汽母管的压力稳定，轴封供汽采用两阀系统。为满足低压轴封供汽温度要求，在低压轴封供汽母管上设置了喷水减温器，以满足低压轴封供汽的要求。为保证轴封供汽与转子温度相匹配，设置了轴封电加热装置，以匹配转子温度。

四、完成任务

登录 660MW 超超临界机组或 330MW 亚临界机组或 350MW 超超临界循环流化床机组或 300MW 亚临界循环流化床机组系统平台，严格按规范巡检程序完成汽轮机轴封系统的巡检工作。（提示：上述检查完毕后，应将检查结果记录在有关的记录簿内，对所发现的问题，应通知维修负责人予以消除。）轴封系统巡检卡见表 2－9－1。

表 2－9－1　　轴封系统巡检卡　　　　年　　月　　日

时间	轴加风机声音/振动	轴封加热器压力	轴加水位	轴封供汽母管后供汽压力	低压缸轴封供汽温度	轴封供汽调节站各阀门位置	轴封供、回母管疏水器前后手动门开启	轴封减温水调节阀动作灵活	辅助蒸汽至轴封母管供汽手动门开启，调节门前疏水器投入	轴加汽侧负压
0：00										
2：00										
4：00										
6：00										
8：00										
10：00										
12：00										
14：00										
16：00										
18：00										
20：00										
22：00										

五、评价

根据工作任务的完成情况，对照评价项目和技术标准规范，逐项评价，确定技能水平和改进的要求。轴封系统巡检评价表见表 2－9－2。

表 2－9－2　　轴封系统巡检评价表

内容		评价	
学习目标	评价项目	个人评价	教师评价
知识目标	了解轴封系统组成、轴封型式		
	了解轴封系统的工作流程		
	掌握轴封系统流程及设备结构		
技能目标	检查轴封系统就地阀门		
	检查轴加风机		
	调节轴封压力、温度		
	检查轴封电加热器、使用		

续表

内　容		评　价	
学习目标	评　价　项　目	个人评价	教师评价
素质目标	沟通能力		
	团队合作能力		
	方法创新能力		
	突发事件处理能力		
改进要求			

六、课后练习

（1）简述轴封系统作用及组成。

（2）在仿真系统上练习轴封系统的巡检操作。

工作任务十　真空系统巡检

真空系统作用是用来建立和维持汽轮机的低背压和凝汽器的真空；正常运行时不断地抽出由不同途径漏入汽轮机及凝汽器的不凝结气体。

真空系统的设备主要采用水环式真空泵和抽气器相结合。机组运行时，在高压和低压凝汽器汽室侧聚集的不凝结气体通过汽室，由真空泵抽出排至大气，保证凝汽器的换热效果。

一、任务描述

真空系统真空泵启动前检查内容包括：确认真空系统及设备无检修工作、检查真空泵气水分离器水位、确认循环水供冷却器冷却水正常等项。真空系统运行中的巡检内容包括：检查气水分离器水位、检查运行真空泵的循环泵、检查真空泵等项。每班应按时对系统设备进行巡检。

二、任务分析

（一）启动前检查

（1）检修工作结束，工作票已终结，现场设备完整，环境清洁。

（2）各种表计及保护齐全完好，控制气源投入，系统中压力表一、二次门开启，水位计投入正常。

（3）各气动门、电动门、电磁阀静态试验合格，所有连锁保护试验合格。

（4）辅机冷却水系统、闭式冷却水系统、凝结水系统已投入运行。

（5）凝汽器真空破坏门关闭，真空破坏门注水完成。

（6）检查真空泵盘根密封冷却水投入，泵体、气水分离器、冷却器放水门关闭。

（7）测量真空泵电机绝缘合格后送电。

（8）检查轴封系统投入，汽轮机盘车装置运行正常。

（9）凝汽器抽气冷却器投入。

（二）运行中的巡检

（1）真空泵跳闸保护：

1）真空泵合闸，延时 60s 入口阀关且未开。

2）真空泵气水分离器水位低，延时 60s。

3）真空泵电机轴承温度大于 95℃。

4）真空泵电机绕组温度高Ⅰ值 130℃报警，高Ⅱ值 140℃。

5）真空泵电机轴承温度高Ⅰ值 90℃报警，高Ⅱ值 95℃。

（2）真空泵前后轴承温度不应超 85℃，真空泵工作液温度小于 33℃。真空泵电动机轴承温度小于 90℃，绕组温度小于 130℃。

（3）检查气水分离器维持水位在 1/2～2/3 范围内，维持冷却器工作介质水温不超 38℃。

（4）真空泵电流不超限。

（5）泵组在运行中轴承振动不大于 0.05mm，若振动明显增大或有明显的异声，应立即启动备用真空泵，停运运行泵。

（6）没有注水的情况下不可启泵，泵启动后注意检查入口阀是否打开，泵停止后注意检查入口阀是否正常关闭。

（7）真空泵检修时，应检查其进口气动蝶阀及手动隔离阀是否关严。

三、相关知识

真空系统流程如图 2－10－1 所示，真空系统由三台并列运行的水环式真空泵、密封水循环泵、气水分离器、密封水冷却器、抽气管道阀门、凝汽器抽气冷却器、补水管道及阀门等组成。

资源库 72_真空系统流程

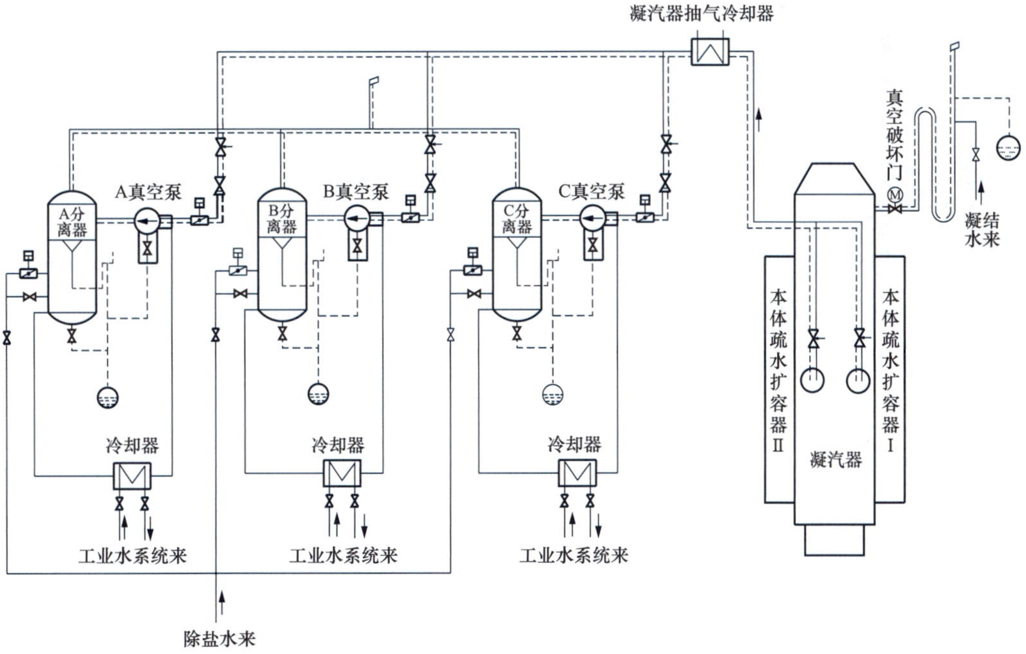

图 2－10－1　真空系统流程图

资源库 73_水环式真空泵

（一）水环式真空泵

水环式真空泵主要部件（见图 2－10－2）是叶轮和壳体，叶轮由叶片和轮毂构成。叶轮偏心地装在圆柱体空间的壳体内。吸气口和排气口开设在叶轮侧面壳体的气体分配器上，形成吸气和排气的轴向通道。

水环式真空泵工作之前，需向泵内注水，水在叶片推动下获得圆周速度，由于离心力的作用，水向外运动。由于水环与叶轮偏心，当这个腔室的容积由大变小时，使之封闭，已经吸入的气体就会随着空间容积的减小而被压缩。压缩到一定程度后，该空间与排气口相通，即可以排出已经被压缩的气体。

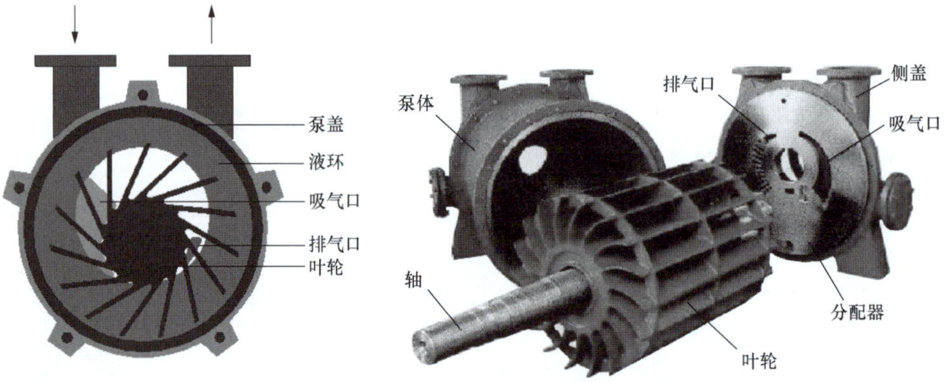

图 2－10－2　水环式真空泵结构示意

（二）抽气器

在一些真空系统里，用射汽式抽气器和射水式抽气器取代真空泵。

资源库 74_射汽抽气器

1. 射汽式抽气器

射汽式抽气器主要由工作喷管、混合室和扩压管三部分组成，如图 2－10－3 所示。工作蒸汽进入缩放喷管，膨胀加速到 1000m/s 以上，在喷管出口形成高度真空。混合室的入口与凝汽器的抽气口相连，蒸汽和空气混合物不断地被抽吸到混合室中，与高速汽流一起进入扩压管，混合汽流在扩压管中进行扩压，速度下降，压力升高，最后再略高于大气压下排出扩压管。

资源库 75_射水抽气器

2. 射水式抽气器

射水式抽气器的结构组成图 2－10－4 所示。由射水泵来的工作水，经喷嘴膨胀加速，以一定速度喷出，在混合室形成高度真空，将凝汽器中的蒸汽和空气混合物吸入，混合后进入扩压管，经扩压后在略高于大气压的情况排出。

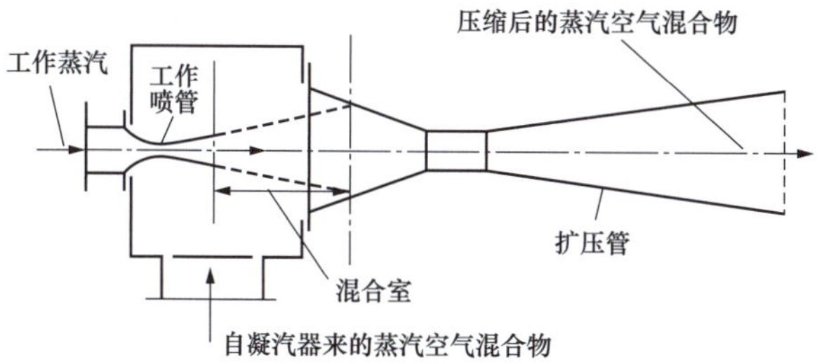

图 2-10-3　射汽式抽气器工作原理

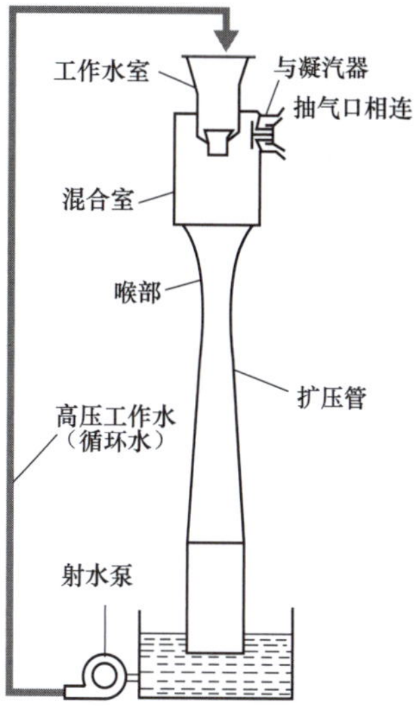

图 2-10-4　射水抽气器工作原理

四、 完成任务

登录 660MW 超超临界机组或 330MW 亚临界机组或 350MW 超临界循环流化床机组系统或 300MW 亚临界循环流化床机组系统平台，严格按规范巡检程序完成汽轮机真空系统的巡检工作。（提示：上述检查完毕后，应将检查结果记录在有关的记录簿内，对所发现的问题，应通知维修负责人予以消除。）真空系统巡检卡见表 2-10-1。

表 2-10-1　　**真空系统巡检卡**　　年　月　日

时间	真空泵声音	真空泵轴承振动/温度	系统抽真空值	真空泵工作液温度	真空破坏门	真空泵补水管道压力	热交换器冷却水压力/温度	气水分离器补水电磁阀	真空破坏门密封水	真空泵手动抽空气隔离门	分离器水位	前置冷却器	签名
0：00													
2：00													
4：00													
6：00													
8：00													
10：00													
12：00													
14：00													
16：00													
18：00													
20：00													
22：00													

五、 评价

根据工作任务的完成情况，对照评价项目和技术标准规范，逐项评价，确定技能水平和改进的要求。真空系统巡检评价表见 2-10-2。

表 2-10-2　　真空系统巡检评价表

内　容		评　价	
学习目标	评　价　项　目	个人评价	教师评价
知识目标	掌握真空系统流程及设备结构		
	了解真空泵工作原理		
技能目标	检查真空系统及就地阀门		
	检查真空泵启动条件/运行注意事项		
素质目标	沟通能力		
	团队合作能力		
	方法创新能力		
	突发事件处理能力		
改进要求			

六、课后练习

（1）简述真空系统作用、流程及设备组成。

（2）在仿真系统上练习真空系统的巡检操作。

工作任务十一　回热抽汽系统巡检

利用汽轮机的回热抽汽加热主凝结水及锅炉的给水，从而提高热力循环效率的换热设备称回热加热器，与之相连的管道和设备构成回热抽汽系统。

一、任务描述

回热抽汽系统启动前的检查内容包括：检修工作结束、各手动门位置符合系统启动要求。正常运行中的巡检内容包括：系统是否正确投运、泄漏情况、各加热器水位等。

二、任务分析

（一）启动前检查

（1）确认检修工作结束，工作票终结，保温良好，设备完整，现场清洁。

（2）确认加热器及其管道冲洗合格。

（3）联系热工人员送上有关表计电源，送上有关电动门电源，送上抽汽止回阀、疏水气动门气源，经开关试验动作正常、无卡涩。

（4）加热器水位保护等连锁试验、水位自动试验合格。

（5）确认凝结水系统水质合格。

（6）确认压缩空气系统运行正常。

（7）确认低压加热器疏水泵已恢复热备用。

（二）运行中的巡检

（1）加强监视加热器水位，防止高水位或无水位运行。若水位自动调节失灵，应切手动调节，并联系热工人员处理。

（2）监视加热器进汽压力、温度、出水温度、疏水温度等应正常，与机组负荷相适应。

（3）监视和核对加热器的疏水端差，发现端差增大应分析原因，及时处理。

（4）核对机组负荷与加热器疏水调节阀开度的关系，若负荷一定而疏水调节阀开度增大时，加热器管束可能有泄漏或疏水门阀芯堵塞。

（5）检查加热器及其抽汽管道、疏水管道等无泄漏、无振动、无冲击现象。

（6）若加热器水位达到保护值，应检查保护动作是否正常，分析水位升高的原因，及时进行处理。

（7）运行中只要有一台高压加热器水位出现高三值，则三台高压加热器汽侧应全部解列，给水走旁路。

三、相关知识

采用抽汽加热锅炉给水的目的在于减少冷源损失，充分利用蒸汽热量，提高给水温度，减少锅炉受热面的传热温差，提高机组循环热效率。

资源库 76_回热抽汽系统

660MW 超超临界机组回热抽汽系统如图 2-11-1 所示。本机组汽轮机共设八段不调整抽汽，高压缸两段，中、低压缸各三段。第一段抽汽引自高压缸 12 级后，供 1 号高压加热器；第二段抽汽引自高压缸排汽（再热冷段），供给 2 号高压加热器，同时提供给水泵汽轮机及辅助蒸汽系统的备用汽源，另外 2 号高压加热器还有一路邻机再热冷段来的备用汽源；第三段抽汽引自中压缸 3 级后，供给 3 号高压加热器外置式蒸汽冷却器、3 号高压加热器；第四段抽汽引自中压缸 7 级后，供给除氧器、给水泵汽轮机、辅助蒸汽系统；第五段抽汽引自中压缸排汽（中压缸 10 级后），供给 5 号低压加热器、热网首站、锅炉暖风器；第六、七、八段抽汽均引自低压缸，分别在低压缸第 1、2、3 级后抽出。除第七、八段抽汽外，各抽汽管道沿汽流方向均装设有气动止回阀和电动截止阀作为防止汽轮机进水和超速的保护措施，四段抽汽管道上设置两道止回阀。

7、8 号低压加热器由于布置在凝汽器喉部，为防止汽轮机进水和超速，加热器应维持低水位运行。当低压加热器达到高一值水位时，迅速解列 7、8 号低压加热器。

（一）高压加热器

高压加热器是一种表面式加热器，现代大型机组的高压加热器和少量低压加热器采用了联合式表面加热器。如图 2-11-2 所示为 600MW 机组高压加热器的一种典型结构示意。从图中可以看出，它由壳体、管板、管束和隔板等主要部件组成。

资源库 77_高压加热器

1. 过热蒸汽冷却段

过热蒸汽冷却段只利用抽汽蒸汽的过热度，蒸汽的过热度降低后，再引至凝结段，以减小总的不可逆换热损失。在该段中，被加热水的出口温度接近或略低于抽汽蒸汽压力下的饱和温度。

2. 凝结段

加热蒸汽在此段中是凝结放热，其出口的凝结水温是加热蒸汽压力下的饱和温度，因此被加热水的出口温度低于该饱和温度。

3. 疏水冷却段

设置该冷却段的作用是使凝结段来的疏水进一步冷却，使进入凝结段前的被加热水温得到提高。该加热段出口的疏水温度低于加热蒸汽压力下的饱和温度。

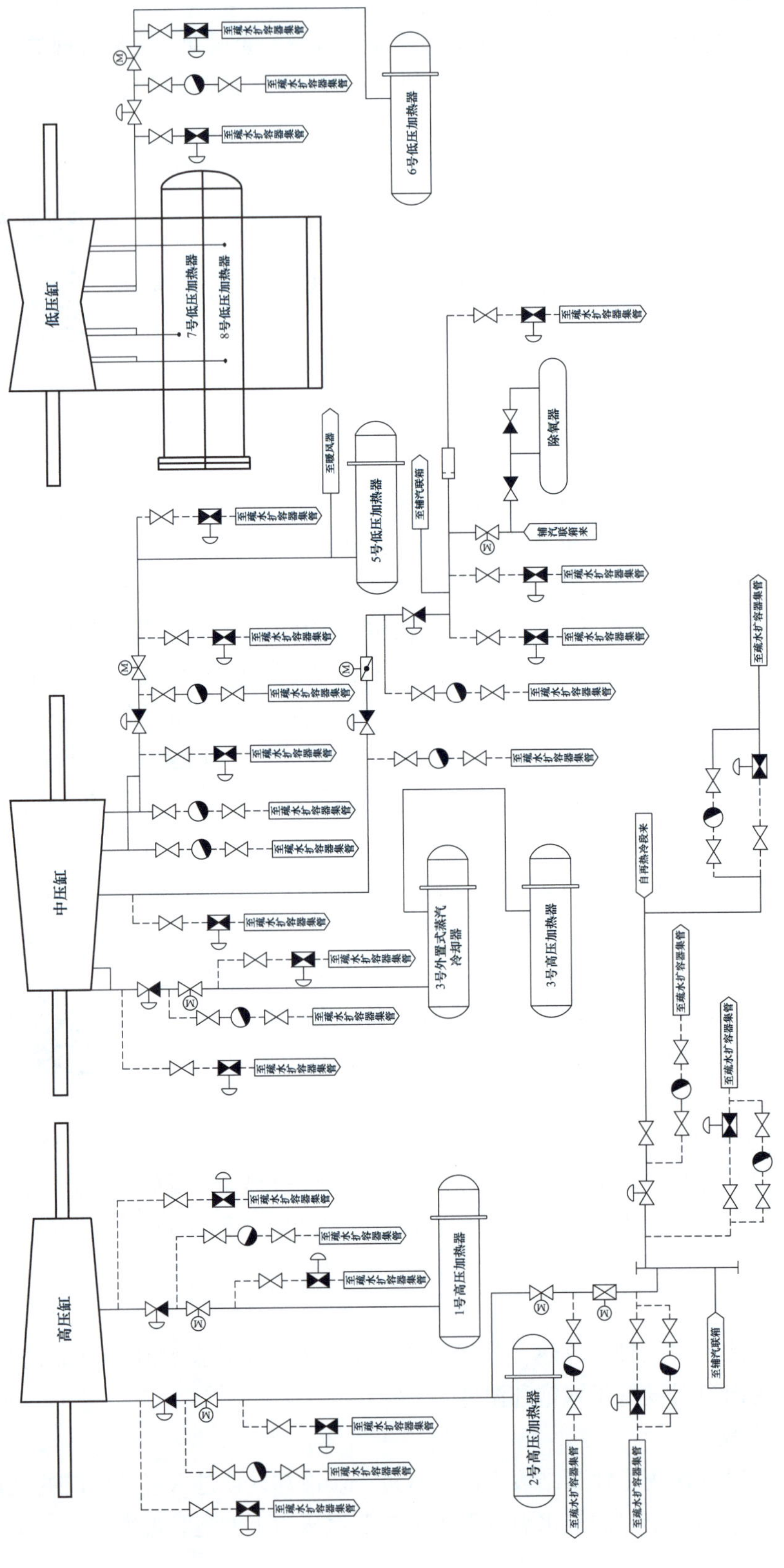

图 2-11-1　660MW 超超临界机组回热抽汽系统

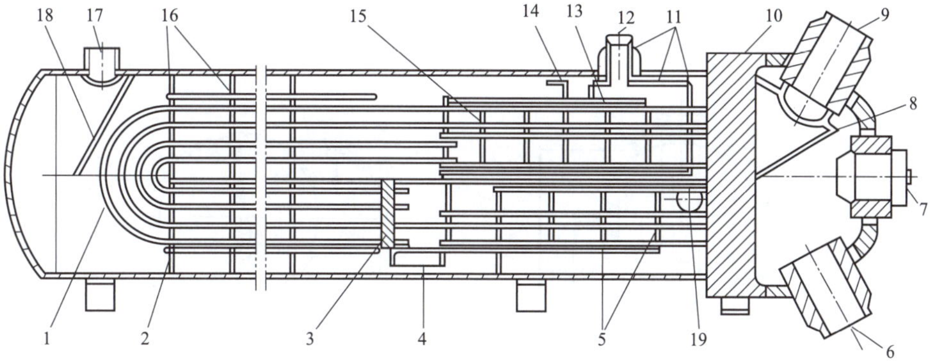

图 2-11-2　高压加热器典型结构示意

1—U 形管；2—拉杆和定距杆；3—疏水冷却段端板；4—疏水冷却段进口；5—疏水冷却段隔板；6—给水进口；7—人孔密封板；8—独立的分流隔板；9—给水出口；10—管板；11—蒸汽冷却段遮热板；12—蒸汽进口；13—防冲板；14—管束保护环；15—蒸汽冷却段隔板；16—隔板；17—疏水进口；18—防冲板；19—疏水出口

（二）低压加热器

资源库 78_低压加热器

低压加热器是利用汽轮机中、低压缸的抽汽来加热凝结水的，结构如图 2-11-3 所示。该加热器设置有凝结段和内置式疏水冷却段，凝结水流经换热管管内，疏水流经换热管管外。汽轮机抽汽在凝结段凝结成饱和水，接着经疏水冷却段进一步冷却成过冷水，最后经疏水出口管流出低压加热器。凝结水首先进入水室，然后进入疏水冷却段与管外疏水进行热交换，吸收热量，温度升高，进入凝结段与管外的蒸汽进行凝结传热，随后凝结水离开管系进入水室，最后离开这级低压加热器到上一级低压加热器。

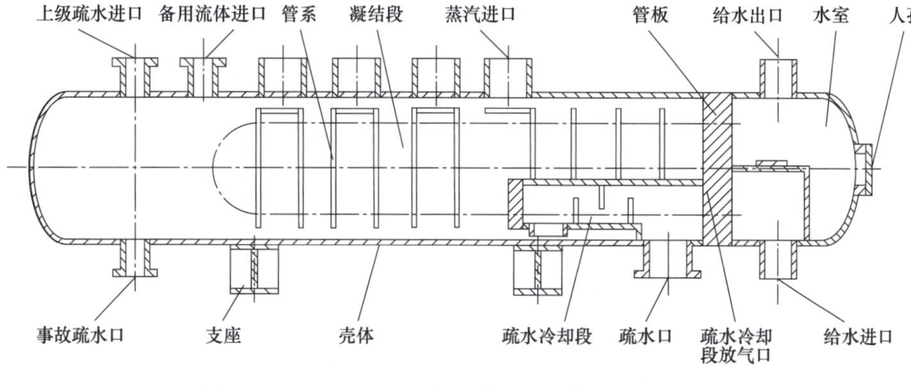

图 2-11-3　660MW 超超临界机组低压加热器结构

（三）轴封加热器

资源库 79_轴封加热器

轴封加热器（也称轴封冷却器，简称轴加）是汽轮机轴封系统中的一个重要热交换设备，主要功能是收集汽轮机各个汽缸轴端汽封漏汽和汽轮机的阀门门杆漏汽，保证轴封系统的正常工作。

东方汽轮机厂为 660MW 超超临界机组生产的 JQ-150 型卧式轴封加热器由壳体、管系、水室等部分组成，如图 2-11-4 所示。

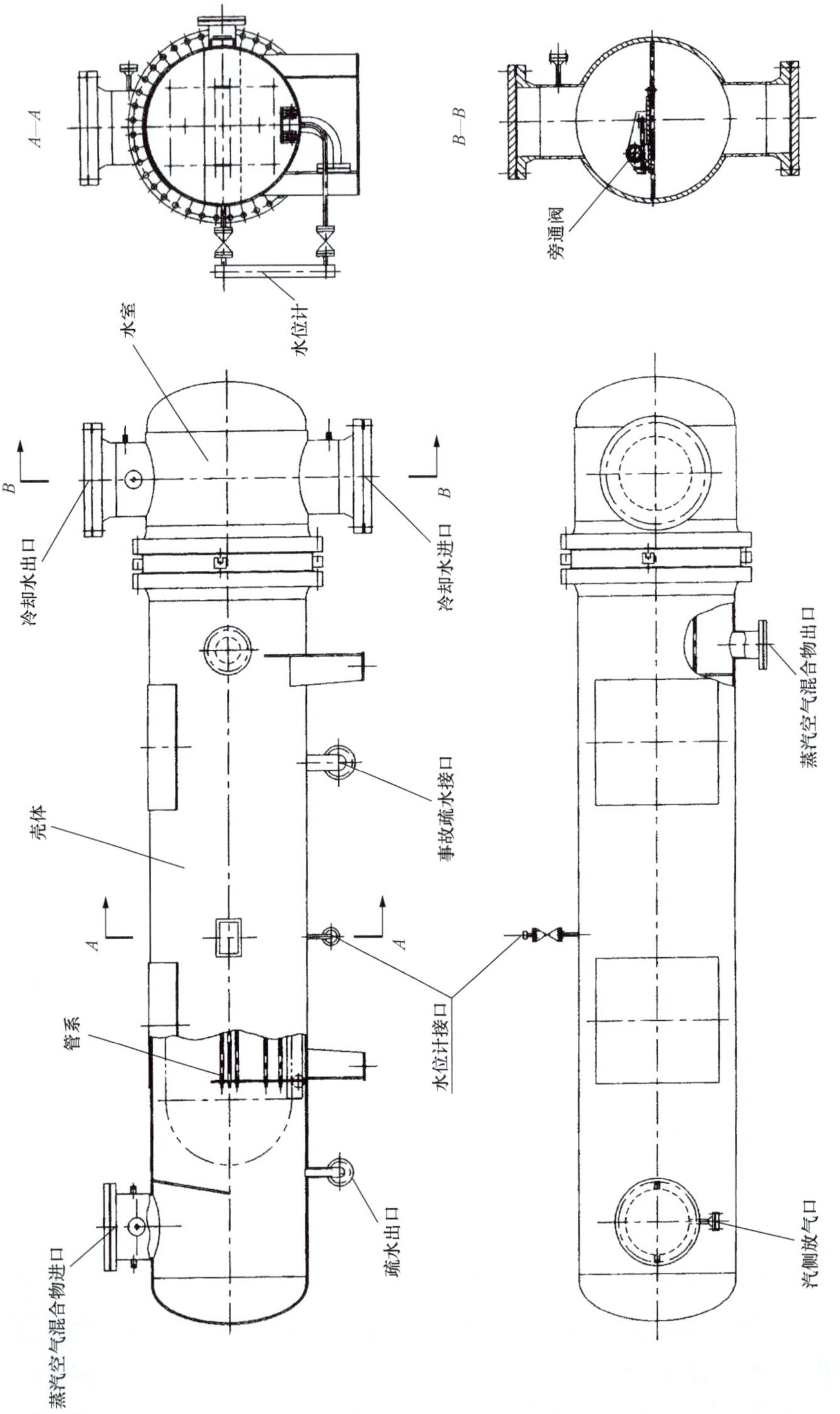

图2-11-4 JQ-150型卧式轴封加热器结构简图

四、 完成任务

登录660MW超超临界机组或330MW亚临界机组或350MW超临界循环流化床机组或300MW亚临界循环流化床机组系统平台，严格按规范巡检程序完成汽轮机回热抽汽系统的巡检工作（提示：上述检查完毕后，应将检查结果记录在有关的记录簿内，对所发现的问题，应通知维修负责人予以消除）。回热抽汽系统检查卡见表2-11-1。

表2-11-1 回热抽汽系统检查卡 年 月 日

时间	1～6段抽汽管道/阀门振动/泄漏	1～6段抽汽管道上电动阀/止回阀位置	各高压加热器进汽压力/温度	各高压加热器疏水温度	各高压加热器进/出口水温	高压加热器及管道振动/汽水冲击/泄漏	1号/2号/3号高压加热器水位	各低压加热器进汽压力/温度	各低压加热器疏水温度	各低压加热器进/出口水温度	各低压加热器及管道振动/汽水冲击/泄漏	5号/6号/7号/8号低压加热器水位	高低压加热器电动/调整/止回阀/手动阀位置	签名
0:00														
2:00														
4:00														
6:00														
8:00														
10:00														
12:00														
14:00														
16:00														
18:00														
20:00														
22:00														

五、 评价

根据工作任务的完成情况，对照评价项目和技术标准规范，逐项评价，确定技能水平和改进的要求。回热抽汽系统巡检评价表见表2-11-2。

表2-11-2 回热抽汽系统巡检评价表

内容		评价	
学习目标	评价项目	个人评价	教师评价
知识目标	掌握回热抽汽系统组成、作用		
	掌握回热抽汽系统工作流程		
	掌握回热抽汽系统流程及加热器结构		

续表

内容		评价	
学习目标	评价项目	个人评价	教师评价
技能目标	检查高压加热器、低压加热器本体，就地看水位		
	检查回热抽汽系统就地各阀门状态		
	检查回热抽汽系统管道及附属设备		
	检查低压加热器疏水泵		
素质目标	沟通能力		
	团队合作能力		
	方法创新能力		
	突发事件处理能力		
改进要求			

六、课后练习

（1）简述回热抽汽系统流程、主要设备和作用。

（2）在仿真系统上练习回热抽汽系统的巡检工作。

工作任务十二　发电机冷却系统巡检

发电机运行中，定子铁芯、转子、定子绕组都会发热，为了保证安全运行，都需要进行冷却降温。目前大容量机组发电机的定子铁芯和转子冷却用氢气冷却，发电机的定子绕组采用水冷方式冷却。

一、任务描述

发电机冷却系统启动前检查和准备内容包括：密封油系统投运、氢气置换合格、定子冷却水水箱换水合格、定子冷却水系统循环水质合格。发电机冷却系统运行中的巡检内容包括：氢气系统、密封油系统运行正常，无明显泄漏；氢压下降正常、氢气温度正常；定子冷却水系统运行正常，压力、温度、流量、水质合格。

二、任务分析

这项任务需要严格按照程序，逐项完成。以某660MW超超临界发电机组为例，具体检查点如下所述。

（一）启动前检查与准备

1. 密封油系统检查完毕，启动运行正常

（1）检修工作结束，工作票已终结，设备完整，环境清洁。

（2）控制电源、信号电源投入，热工仪表齐全完整、投入运行。

（3）主机润滑油系统已投运正常。

（4）密封油系统中安全门、压差调节阀校验合格；密封油系统连锁保护试验合格；密封油真空邮箱已注油，油位正常，各油泵已充油备用。

（5）确认密封油系统各油泵、风机、真空泵电机电源已送好。

（6）检查密封油真空泵冷却水投入。

（7）检查发电机底部油水继电器无液位高报警，检查视窗内无油水。

（8）检查打开密封油泵入口门。

（9）检查开启拟投入的密封油滤网出、入口门；备用滤网出口门开启，进口门关闭。

（10）检查密封油交、直流油泵备用良好。

（11）启动密封油泵，检查系统运行正常。

2. 发电机氢气置换合格

发电机禁止在不充氢情况下带负荷运行。发电机中的空气在气体置换过程中，必须用二氧化碳或氮气作为中间介质，严禁空气与氢气直接接触进行置换。电机内充氢气前，密封油系统必须投入运行，油压应确保大于氢压 0.056MPa。

下面介绍发电机氢气置换操作。

（1）气体置换前准备：

1）密封油系统可靠运行，油氢压差维持在 0.056MPa，排氢风机运行，发电机转子处于静止状态（一般不在盘车状态进行，因耗气量增大）。

2）发电机气密性试验合格。

3）有关表计和报警装置经校验、试验合格。

4）机房内动火工作已结束，发电机及氢系统附近禁止明火。

5）检查系统阀门开关状态正确。

6）气体置换过程中保持机内气体压力为 35～50kPa。

7）充氢前通知储氢站准备足够的合格氢气，氢气纯度大于 99.5%。

8）发电机充氢前应准备好足够的已化验合格的二氧化碳（380m^3 左右），测量二氧化碳瓶内压力，一般在 4.5MPa 以上，不低于 3MPa，并检查是否均有化验二氧化碳纯度大于 95%的合格证。

9）进行气体置换前要投入发电机底部油水继电器和密封油系统回油箱油位高开关量。

（2）发电机气体置换注意事项：

1）置换时应禁止一切明火作业。

2）气体置换前及置换期间，应通知检修人员，禁止行车运行并远离，应打开汽轮机房屋顶风机。严禁在附近进行测绝缘等电气操作。

3）气体置换必须用铜制工具。

4）气体置换应在发电机静止或盘车状态时进行，同时应保持密封油系统运行正常。如果出现紧急情况，可在发电机减速的情况下进行气体置换，但转速不得超过 1000r/min，且不允许发电机充入二氧化碳气体在高速下运行。

5）禁止向室内排放氢气。

6）发电机气体置换前将氢气纯度仪、湿度仪、氢气干燥器退出运行。

7）必须使用惰性气体间接置换，严禁使用真空法、排氢法。

8）气体置换采用CO_2气体作为中间介质，充氢顺序为先用CO_2驱赶机内空气，再用氢气驱赶机内的CO_2，最后升高氢压，排氢顺序与充氢顺序相反。

9）充排氢时，氢气流速不宜太高，维持机内正压，防止空气入内。

10）在整个置换过程中，应密切注意油氢压差和密封油箱油位正常，防止跑氢和发电机内进油。

11）发电机内存留CO_2不允许超过24h，最好在6h内排出。

12）发电机充氢气前，确认与充氢系统连接的空气气源管道堵板加好。

13）在气体置换过程中，应由化学对氢气及二氧化碳取样分析。发电机测量氢气纯度应从发电机底部取样，测量二氧化碳纯度应从发电机顶部取样。

14）排气时应注意同时排掉死区的气体，如氢气干燥器、油水继电器、氢气湿度仪、发电机绝缘监测装置等。

15）一般只有在发电机气体置换结束后，再提高氢压或泄压。

16）开启二氧化碳瓶时，应缓慢进行。必要时投入二氧化碳加热装置，为缩短气体置换时间，必要时可用数个二氧化碳瓶同时供气，注意二氧化碳瓶的结露情况，一般上升至离瓶底0.5m以上时，应及时调换。瓶内压力不应全部放尽，应不低于0.45MPa。

17）如遇下列情况之一，会发生爆炸或着火危险：①在发电机壳内，当氢气纯度降至4%～76%时；②在发电机壳内，当含氧量超过2%时；③轴承回油管或在油箱中氧的含量超过5%时；④在距离漏氢地点5m以内遇有火源或电火花时。

（3）气体置换操作流程。充氢时，先用二氧化碳驱赶发电机内的空气，待机内二氧化碳含量超过85%以后，即可引入氢气驱赶二氧化碳，这一过程保持机内气压为0.02～0.03MPa。排氢时，先将机内氢压降为0.02～0.03MPa，再用二氧化碳驱赶发电机内的氢气，待二氧化碳含量超过95%以后，即可引入压缩空气驱赶二氧化碳，直至二氧化碳含量少于5%以后，才可终止向发电机内送压缩空气，这一过程也应保持机内气压为0.02～0.03MPa。

3. 定子冷却水系统具备投运条件

（1）确认定子冷却水系统冲洗合格，检修工作票已终结，系统设备、管道处于完好状态，现场清洁；离子交换器树脂合格，充满水备用。

（2）检查热工表计投入正常、信号齐全，定子冷却水系统连锁试验合格。

（3）辅机冷却水系统投入运行，根据需要投入离子交换器。

（4）定子冷却水泵电机测绝缘合格送电，定子冷却水温度调节阀、补水电磁阀送电。

（5）发电机内气压不低于0.25MPa。

（6）关闭定子冷却水箱氮压调节器后手动门。

（7）打开拟投入的定子冷却水冷却器水侧出、入口门，备用的定子冷却水冷却器入口门关闭、出口门打开，两台冷却器的水侧放水门关闭。

(8) 打开拟投入的定子冷却水滤网出、入口门，备用滤网的入口门关闭、出口门打开，滤网的放水门关闭。

(9) 检修后初次启动，手动盘联轴器应灵活无卡涩，并试转正常。

(10) 定子冷却水箱冲洗。

(二) 正常运行中的巡检

1. 密封油系统运行中的巡检

(1) 检查油氢压差阀正常，油氢压差维持在（0.056±0.2）MPa。

(2) 密封瓦进油温度为25～50℃，密封瓦回油温度不大于70℃。

(3) 检查真空油箱、浮子油箱油位应在正常范围（监视窗中心线±30mm）。

(4) 定期检查发电机底部励端、机端及密封油氢侧回油扩大槽油水检漏计液位，发现有油水时应及时排放，并查找原因。

(5) 定期检查密封油真空泵油分离器是否有积水，若发现有积水应及时排掉。

(6) 密封油系统运行过程中禁止关闭浮子油箱及密封油扩大槽顶部排污门。

2. 定子冷却水系统运行中的巡检

(1) 发电机正常运行冷却水量96t/h，且应保持水压比氢压至少低0.2MPa以上。

(2) 维持定子冷却水箱水位在中心线位置。水位高报警中心线上100mm，水位低报警中心线下100mm。

(3) 定子冷却水正常运行中压力0.22～0.37MPa。

(4) 定子冷却水温正常控制在40～50℃，出口小于73℃，必要时可投入两台冷却器运行。

(5) 定子冷却水导电度正常为0.5～1.5μS/cm，高于1.5μS/cm时报警。

(6) 经过离子交换器的定子水流量15t/h。

(7) 定子冷却水滤网压差小于报警值0.055MPa，否则应及时切换并联系清理。

(8) 定子冷却水箱内氮气密封正常，氮气压力为0.014MPa。

(9) 防止水路堵塞过热，应对定子绕组进行反冲洗，反冲洗只能在机组停用后进行。

3. 氢冷系统巡检

(1) 发电机的额定氢压为0.45MPa，在额定氢压下运行时的漏氢量不得大于$8m^3/d$。

(2) 发电机正常运行时，机内氢压必须高于定子冷却水压，特殊情况下，需要降低氢压运行时，应与制造厂协商，且运行时间不应超过4h，此时应按规定降低发电机负荷。

(3) 冷氢温度额定值为（45±1)℃，不大于48℃，氢冷器进口冷却水温度不大于38℃。

(4) 向发电机氢气冷却器通水，应及时投用发电机氢温自动控制，发电机冷氢温度必须大于30℃，防止氢温变化引起氢压突然发生过大变化。当机组甩负荷后，应注意氢气冷却器冷却水调节阀动作良好，以防止氢温下跌，引起氢压下降。

（5）发电机内氢气纯度应在98%以上，最低不低于96%，同时氧气含量不高于2%。如果纯度降到了95%，应及时采取补、排氢的方法提高氢气纯度，置换过程中应注意密封油压差阀工作是否正常。

（6）任何运行方式下运行中发电机内冷氢气的绝对湿度必须低于2g/m³（即在机外常压下取样化验热氢气中的水汽浓度不高于0.4g/m³）。

（7）定子冷却水系统、氢气系统、密封油系统运行中应保持密封油压大于氢压大于定子冷却水压。

（8）保持定子冷却水温大于氢温2～3℃。

（9）经常检查各油水继电器液位，若发现有油、水出现时，应及时排尽。若发电机油水继电器有油时，应注意调整密封油压，密切监视浮子油箱和回油扩大槽油位；若油水继电器有水，则应适当调整定子冷却水和氢气温度，并检查氢气干燥器工作是否正常；若氢冷器或定子冷却水系统泄漏时，应设法隔离。

（10）保持氢气干燥器连续运行，每日白班放水一次，当氢气湿度不合格时，应加强氢气干燥器排污，若干燥效果差时，通知检修人员处理。

（11）氢冷器因故停用时，发电机仍能承担80%额定功率连续运行，而不超过允许温升，但应尽快恢复运行。

资源库80_发电机氢冷系统

三、相关知识

发电机氢冷系统的功能是用于冷却发电机的定子铁芯和转子。发电机氢冷系统采用闭式氢气循环系统，热氢通过发电机的氢气冷却器由冷却水冷却。

转子与铁芯的冷却通道为多进多出结构，采用径向和轴向气隙隔板，从而使气体分为不同的冷热区域，如图2-12-1和图2-12-2所示。氢气经风扇升压后进入转子与铁芯的冷却通道，换热后进入氢气冷却器进行降温，再进入风扇，开始下一循环。

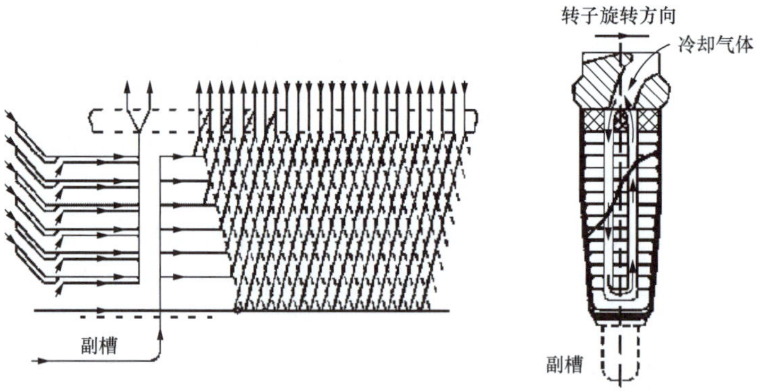

图2-12-1 转子通风系统

（一）氢气系统

660MW超超临界机组氢气系统如图2-12-3所示。

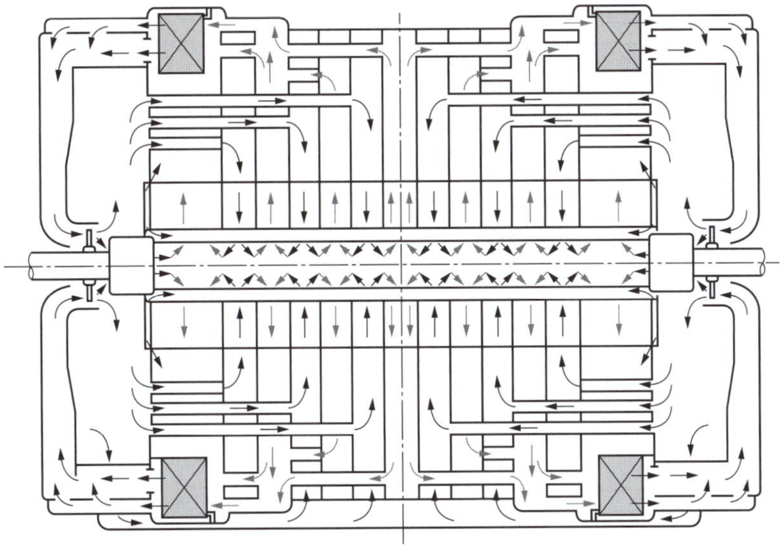

图 2-12-2 发电机通风系统

氢气控制系统主要由下列设备（部套件）组成：氢气控制排（又称氢气供给装置）、CO_2控制排（又称二氧化碳供给装置）、氢气去湿装置、气体置换盘、置换控制阀、油水（探测）报警器、氢气湿度仪、氢纯度检测装置、管路阀门等辅助件。

（二）密封油系统

发电机密封油系统专用于向发电机密封瓦供油，且使油压高于发电机内氢压（气压）一定数量值，以防止发电机内氢气沿转轴与密封瓦之间的间隙向外泄漏，同时也防止油压过高而导致发电机内大量进油。

资源库 81_发电机密封油系统

密封油系统是根据密封瓦的形式而决定的，最常见的有双流环式密封油系统和单流环式密封油系统。图 2-12-4 为 660MW 超超临界机组采用的单流环式密封油系统。

该系统的密封油进油只有一路，分别进入汽轮机侧和励磁机侧的密封瓦，经中间油孔沿轴向间隙流向空气侧和氢气侧，形成了油膜起到了密封润滑作用，然后分两路（氢侧、空气侧）回油。

（三）定子冷却水系统

发电机的定子绕组采用水内冷方式，水冷的效果是氢冷的 50 倍。水内冷绕组的导体既是导电回路又是通水回路，每个线棒分成若干组。冷却水由一端进入线棒，冷却后由另一端流出，循环工作不断地带走定子线棒产生的热量。

资源库 82_定冷水系统

图 2-12-5 为 660MW 超超临界机组定子冷却水系统，该系统主要包括定子冷却水箱、定子冷却水泵、热交换器、压力温度调节阀、出口滤网、进回水管、离子交换器等设备。

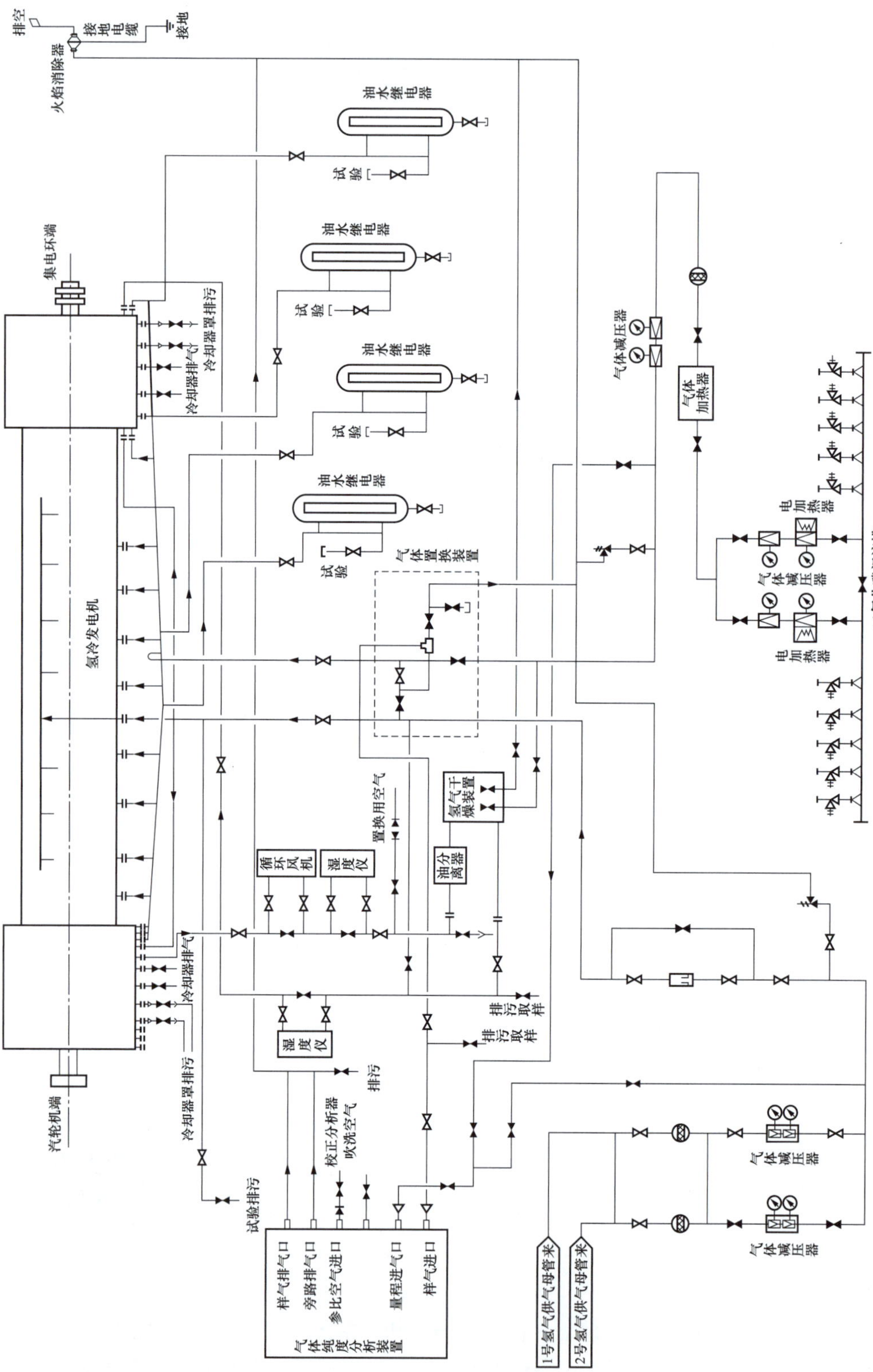

图 2-12-3 660MW 超超临界机组氢气系统

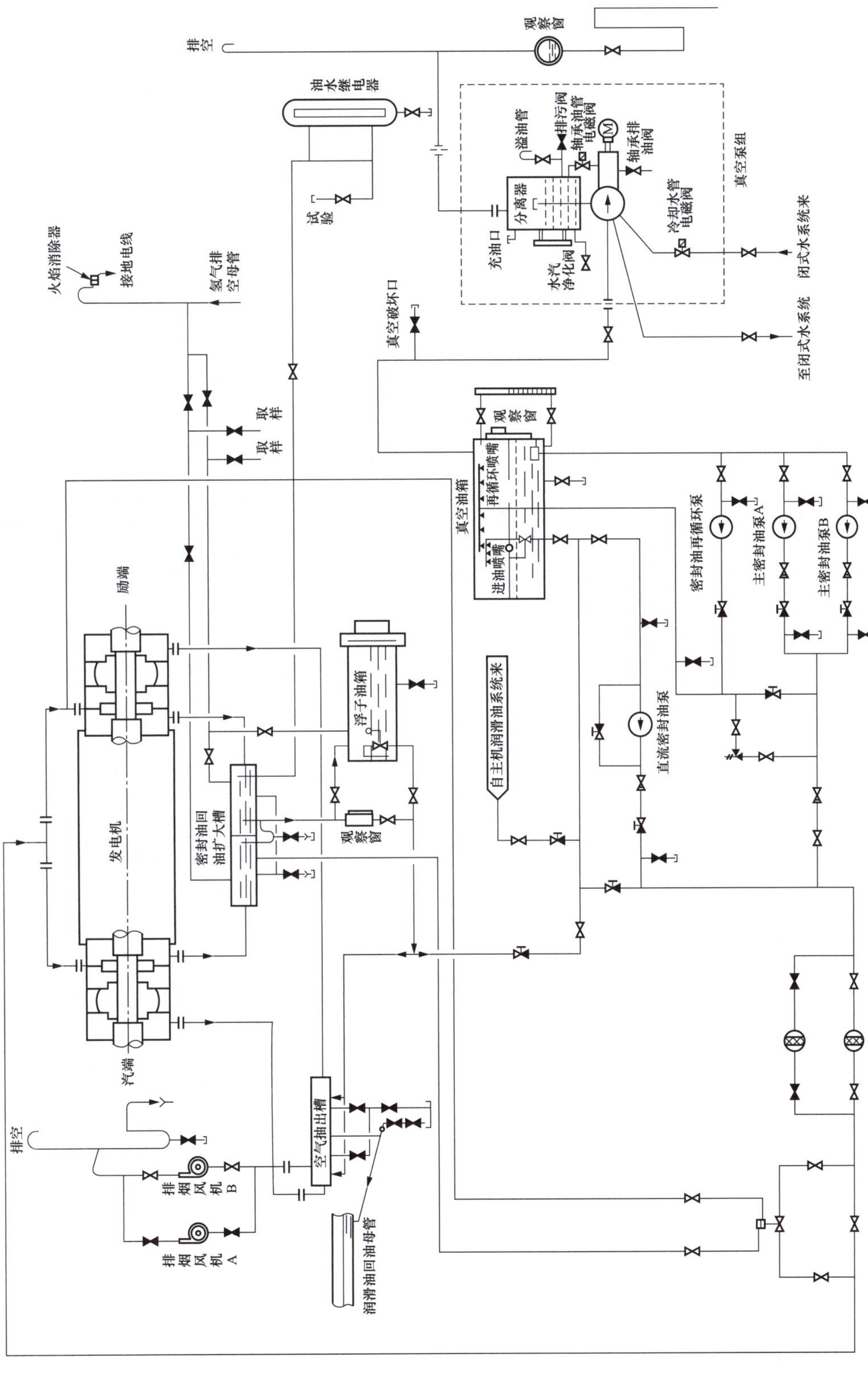

图 2－12－4　660MW 超超临界机组采用的单流环式密封油系统

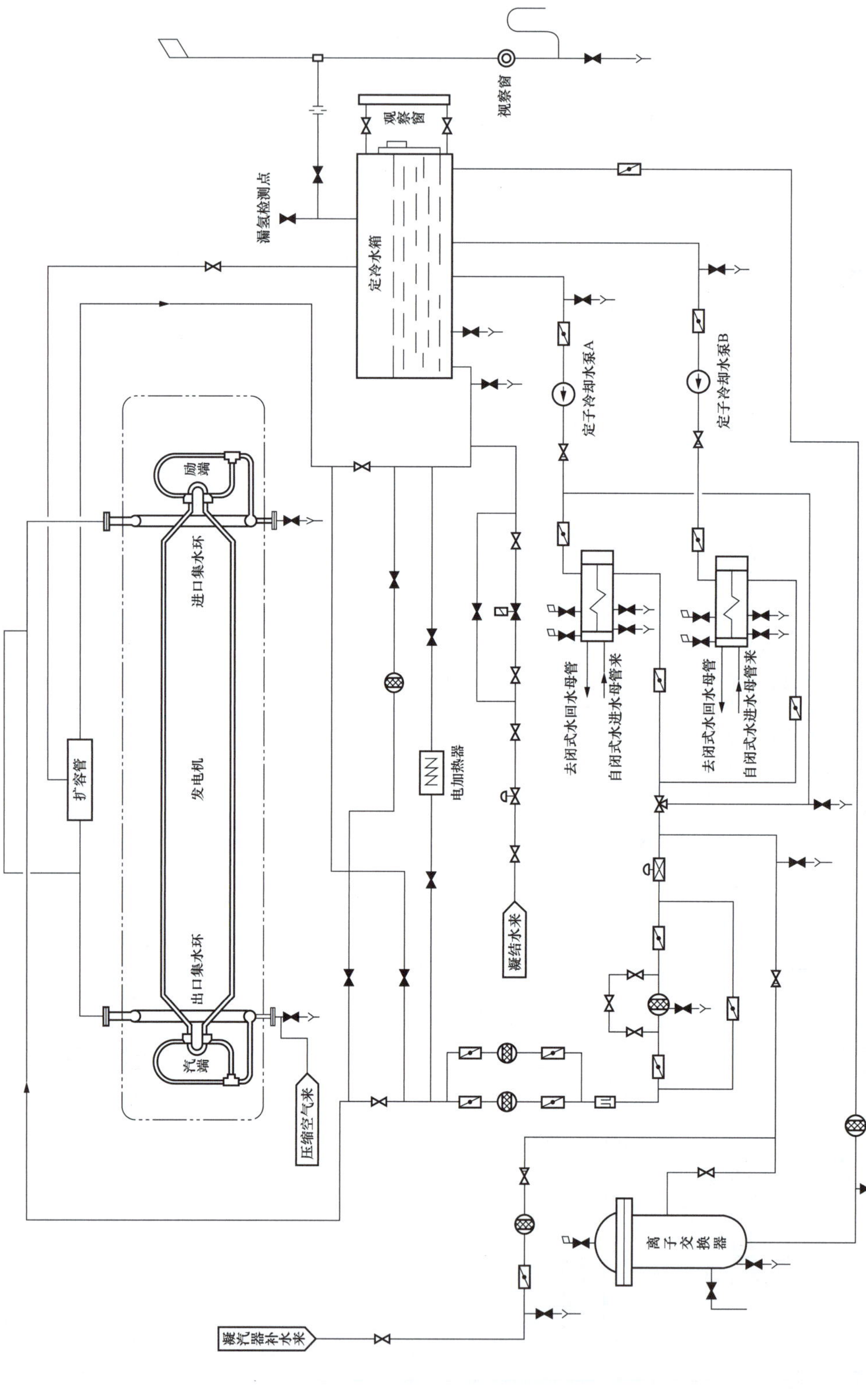

图 2-12-5 660MW 超超临界机组定子冷却水系统

四、完成任务

登录660MW超超临界机组或330MW亚临界机组或350MW超临界循环流化床机组系统平台，严格按规范巡检程序完成发电机冷却系统的巡检工作（提示：上述检查完毕后，应将检查结果记录在有关的记录簿内，对所发现的问题，应通知维修负责人予以消除）。氢气系统巡检卡见表2-12-1，密封油系统巡检卡见表2-12-2，定子冷却水系统巡检卡见表2-12-3。

表2-12-1　　氢气系统巡检卡　　年　月　日

时间	氢气系统无漏氢	发电机内氢压	氢气纯度（就地盘柜）	氢冷却器进水压力	各发电机底部漏液仪液位	氢气干燥器控制面板各指示灯状态	氢气露点仪	氢气干燥器电机本体温度	签名
0：00									
2：00									
4：00									
6：00									
8：00									
10：00									
12：00									
14：00									
16：00									
18：00									
20：00									
22：00									

表2-12-2　　密封油系统巡检卡　　年　月　日

时间	交流油泵轴承温度	交流油泵电机外壳温度	密封油回油温度	密封油氢油压差	主油源供油减压阀后压力	浮子油箱油位	排氢风机入口压力	交流密封油泵出口压力	直流油泵运行方式	压差调节阀工作情况	发电机氢水油工况监视柜显示	密封油系统渗油	签名
0：00													
2：00													
4：00													
6：00													
8：00													
10：00													
12：00													
14：00													
16：00													
18：00													
20：00													
22：00													

表 2－12－3　　定子冷却水系统巡检卡　　年　月　日

时间	定冷泵轴承温度	定冷泵电机外壳温	定冷泵油位/振动/声音	定子冷却水水箱水位	定子冷却水泵出口压力	定子冷却水系统滤网出入口压差	离子交换器出口导电度	离子交换器入口流量	智能净化装置运行状态	系统跑、冒、滴、漏现象	签名
0：00											
2：00											
4：00											
6：00											
8：00											
10：00											
12：00											
14：00											
16：00											
18：00											
20：00											
22：00											

五、评价

根据工作任务的完成情况，对照评价项目和技术标准规范，逐项评价，确定技能水平和改进的要求。发电机冷却系统巡检评价表见表 2－12－4。

表 2－12－4　　发电机冷却系统巡检评价表

内容		评价	
学习目标	评价项目	个人评价	教师评价
知识目标	了解氢气系统作用、组成、流程		
	熟悉发电机氢气置换原则		
	掌握密封油系统作用、组成、流程		
	掌握定子冷却水系统作用、组成、流程		
技能目标	了解氢气系统查漏要点		
	会氢气干燥器就地操作		
	会氢气置换操作		
	定子冷却水箱就地水位查看、换水操作		
	检查氢气、密封油、定子冷却水系统		
	检查氢气、密封油、定子冷却水就地阀门及设备		
素质目标	沟通能力		
	团队合作能力		
	方法创新能力		
	突发事件处理能力		
改进要求			

六、 课后练习

（1）掌握氢气系统、密封油系统、定子冷却水系统的作用、组成、工作流程。

（2）在仿真系统上练习氢气系统、密封油系统和定子冷却水系统的巡检操作。

工作任务十三　汽轮机高低压旁路系统巡检

汽轮机高低压旁路系统是为适应再热式机组启停、事故处理的需要而设置的，大容量中间再热机组都装有旁路系统。再热机组的旁路系统是指高参数蒸汽不进入汽轮机的通流部分做功而是经过与该汽缸并联的减温减压器，将蒸汽降压减温后送至低一级参数的蒸汽管道或凝汽器的连接系统。

一、 任务描述

汽轮机高低压旁路系统启动前的检查和准备内容包括：阀门送电、系统暖管等。正常运行中的巡检内容包括：阀门状态、开度是否正确，减温水后温度是否正常等。

二、 任务分析

（一）启动前检查

1. 旁路系统使用原则

（1）机组启停时旁路系统，经充分疏水、暖管后使用。

（2）严禁高低压旁路系统超压、超温运行。

（3）投入旁路系统时应先投入低压旁路，后投入高压旁路。机组在启动期间低压旁路未投入运行时，禁止投入高压旁路。

（4）高低压旁路系统正常退出运行时，必须先退出高压旁路，后退出低压旁路。

（5）机组背压高于 20kPa 时，禁止投入低压旁路。

（6）旁路减压阀、减温水截门、减温水调节阀不能远方控制时，禁止投入旁路系统。

（7）旁路减压阀后的温度表或压力表失灵时，禁止投入相应的旁路系统。

（8）间接空冷机组在冬季滑参数启、停机过程中，为保证进入空冷凝汽器的最小热负荷，允许部分开启高压旁路，同时必须打开高压缸排汽通风阀并进行喷水减温，保证高压缸排汽温度小于 427℃。

2. 低压旁路投入前检查及投入

（1）检查低压旁路油站油箱油位正常，油质合格，各油泵、电加热器、冷却风扇连锁试验合格。

（2）送上控制柜电源，检查低压旁路油站两台油泵及循环泵启动应正常，油压大于 21MPa 后两台油泵停运，进入自动控压模式。

（3）检查低压旁路系统手动疏水门开启正常。

（4）锅炉点火后，再热汽压力达到 0.2～0.3MPa 时，投入低压旁路减温水调节阀自动，设定低压旁路阀后温度为 80℃。

（5）检查凝汽器具备进汽条件，手动缓慢开启 A、B 低压旁路减压阀。当低压旁路减压阀开度反馈大于 2%时，连锁开启低压旁路减温水隔离阀。

（6）当低压旁路后温度大于 80℃时，检查低压旁路减温水调节阀自动开启。

（7）机组冲转前调整 A、B 低压旁路减压阀开度使再热汽压力升到 1.1MPa，低压旁路压力设定及 A、B 低压旁路减压阀投入自动。

（8）随着机组冲转、定速、并网、带负荷，低压旁路减压阀自动关小，维持再热汽压力 1.1MPa。

（9）当低压旁路减压阀全关后，低压旁路减温水调节阀及隔离阀自动关闭。低压旁路控制回路自动转入压力跟踪模式，检查压力设定值正常（$p_{压力设定值}=p_{再热器出口额定}/p_{调节级额定}\times p_{调节级实际压力}$）。

3. 高压旁路投入前检查及投入

（1）检查高压旁路油站油箱油位正常，油质合格，各油泵、电加热器、冷却风扇连锁试验合格。

（2）送上控制柜电源，检查高压旁路油站两台油泵及循环泵启动正常，油压大于 21MPa 后两台油泵停运，进入自动控压模式。

（3）检查高压旁路系统疏水手动门开启正常。

（4）机组冷态启动锅炉点火时，投入高压旁路减温水调节阀自动，高压旁路压力设定自动，检查高压旁路阀开度为 0%。

（5）锅炉点火后，随着主汽压力上升，高压旁路阀应缓慢开启。

（6）当减压阀开度反馈大于 5%时，联开高压旁路减温调节阀前隔离阀，高压旁路减温水调节阀自动开启。

（7）当减压阀开至 15%时，高压旁路压力设定值开始跟踪主汽压力，维持高压旁路“最小阀位”控制方式。

（8）当主汽压力上升到汽轮机冲转压力（冷态、温态 8MPa，热态、极热态 11MPa）时，控制回路自动转入压力定值调节模式，维持主汽压力。

（9）当汽轮机进行切缸操作时，减压阀自动维持主汽压力直至自动全关。减压阀全关后高压旁路减温水调节阀及前隔离阀自动关闭。高压旁路阀控制回路自动转入压力跟踪模式，检查压力设定值为主汽压力加上 2.0MPa。

（二）运行中的巡检

（1）旁路系统的连锁保护逻辑关系如下：

1）发电机有功功率大于 120MW 时，发电机解列或汽轮机跳闸或 MFT 跳闸，无延时低压旁路自动快速开启。

2）低压旁路阀位置反馈大于 5%，连锁开启低压旁路减温水液动阀。

3）低压旁路阀位置反馈小于 3%，连锁关闭低压旁路减温水液动阀。

4）发电机有功功率大于 198MW 时，且旁路关闭（小于 3%），发电机解列或汽轮机跳闸或 MFT 跳闸，延时 2s，高压旁路自动快速开启。

5）高压旁路阀位置反馈大于 5%，连锁开启高压旁路减温水液动阀。

6）高压旁路阀位置反馈小于 3%，连锁关闭高压旁路减温水液动阀。

7）高压旁路阀后蒸汽温度大于 370℃，连锁快关高压旁路。

8）两侧低压旁路同时快关，5s 脉冲，连锁快关高压旁路。

9）低压旁路阀后蒸汽温度大于 180℃，连锁快关对应侧低压旁路。

10）凝汽器排汽压力大于 60kPa，连锁快关对应侧低压旁路。

11）凝汽器温度大于 80℃，连锁快关低压旁路。

（2）在投入旁路过程中，如发生水击、振动等异常情况，应立即停止操作，查明原因并采取措施。

（3）在投入旁路过程中，如发现减压阀、减温水液动门、调节阀等不能远方控制，减压阀后压力表、温度表、减压阀阀位指示异常时应立即停止操作。

（4）当高压旁路后压力超过规定值，应立即减小旁路开度；温度超过规定值时，检查减温水压力与开度；如远方不能操作旁路时，应采取减弱锅炉燃烧等措施。

（5）旁路系统投入运行期间，要加强减温水压力的监视，减温水中断时，应立即退出旁路。

（6）并网后随着机组带负荷，高、低压旁路逐步自动关闭后，应切除“自动”，正常运行中高、低压旁路不得投“自动”。

（7）高、低压旁路油泵运行正常，油站油位正常，油压 18～20MPa。

（8）高、低压旁路油站呼吸器颜色正常为紫色，颜色变淡时应联系更换。

（9）高低压旁路疏水门、减温水开关正常。

三、 相关知识

（一）旁路系统及主要设备

资源库 83_汽轮机旁路系统

图 2－13－1 为 660MW 超超临界机组主、再热蒸汽及旁路系统图。该系统采用高、低压二级串联旁路系统。其中高压旁路容量为 40％BMCR，高压旁路阀数量为 1 个，低压旁路容量总容量为 66％BMCR，低压旁路阀数量为 2 个。

1. 高压旁路

高压旁路系统装置由高压旁路阀、喷水调节阀、喷水隔离阀等组成。高压旁路阀兼有减温减压、调节、截止的作用。蒸汽进入高压旁路阀减压，被减温水（给水泵出口的给水）减温后，最终进入高压缸排汽止回阀后的再热冷段。

2. 低压旁路

低压旁路系统装置由低压旁路阀、喷水调节阀、喷水隔离阀、凝汽器入口减温减压器等组成。低压旁路阀兼有减温减压、调节、截止的作用，低压旁路进入凝汽器喉部前再采用三级减温减压器，即三级减压、一次喷水减温的结构形式，如图 2－13－2 所示。

（二）旁路系统作用

（1）缩短启动时间，改善启动条件。采用旁路系统可加大蒸汽流量，使主蒸汽和再热蒸汽压力、温度与汽轮机金属壁温相匹配，满足汽轮机冷态、温态、热态和极热态启动的要求，缩短启动时间，减少汽轮机金属的疲劳损伤，延长汽轮机寿命。

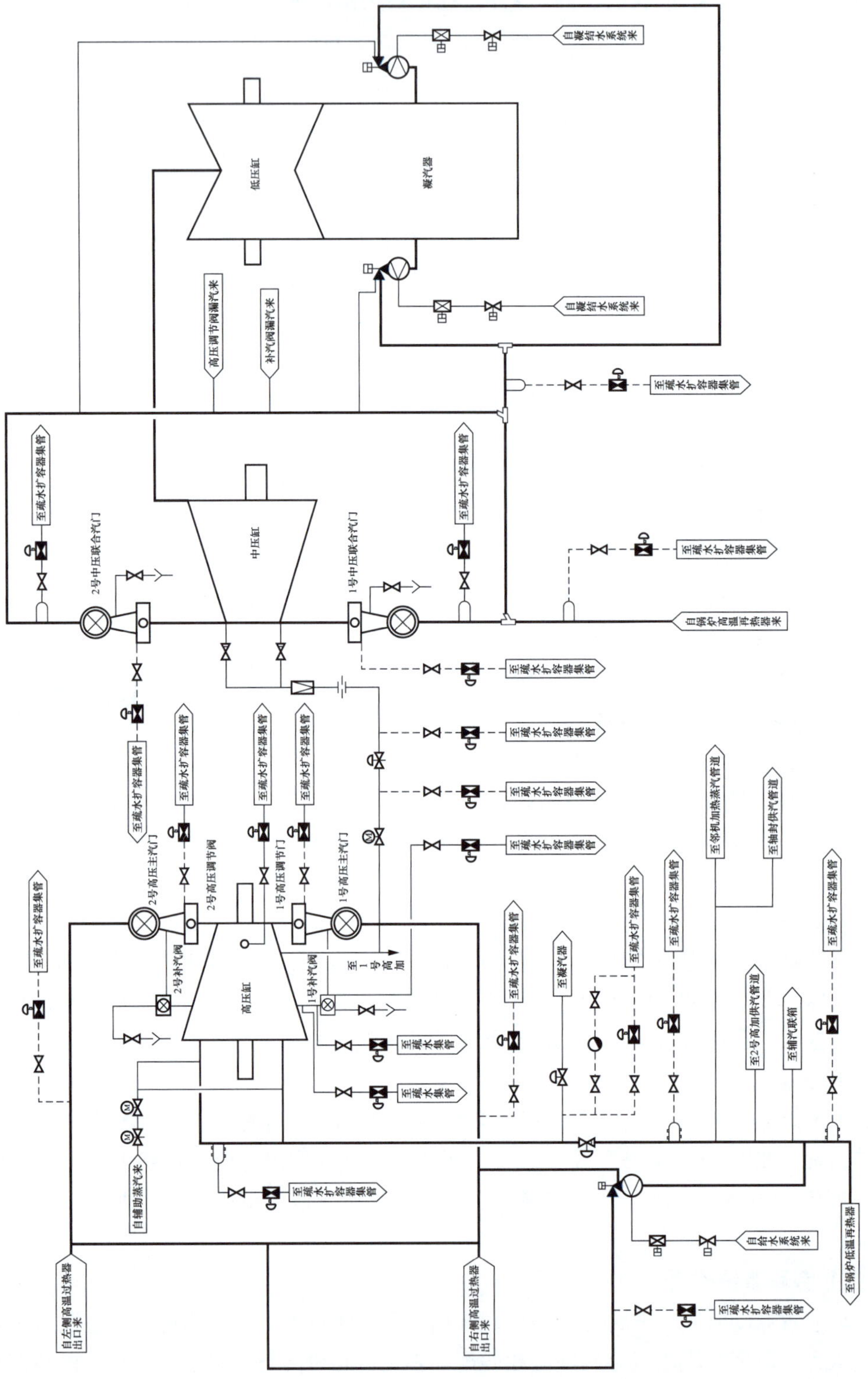

图 2-13-1　660MW 超超临界机组主、再热蒸汽及旁路系统图

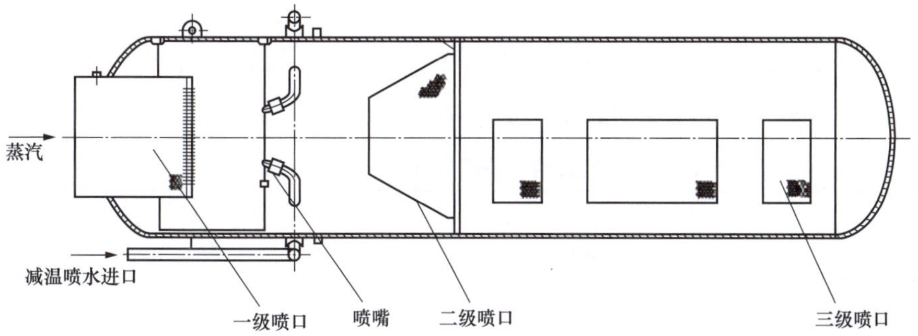

资源库 84_减温减压器

图 2-13-2　三级减温减压器示意

(2) 保护再热器。在机组启停、停机不停炉、甩负荷等工况时，投入旁路系统能有效冷却锅炉所有受热面，保护布置在烟温较高区域的再热器，防止再热器干烧导致破坏。

(3) 回收工质、降低噪声。平衡负荷瞬变过渡工况的剩余蒸汽，既回收工质入凝汽器，并降低排汽噪声。

(4) 配合汽轮机采用中压缸启动。中压缸启动过程中需要高、低压旁路的密切配合才可顺利完成。

(5) 启动初期，可防止杂质及固体颗粒随蒸汽带入汽轮机。另外，旁路系统配合，机组可维持汽轮机带厂用电运行，也可在汽轮机短暂停运时停机不停炉运行。

四、完成任务

登录 660MW 超超临界机组或 330MW 亚临界机组或 350MW 超超临界循环流化床机组或 300MW 亚临界循环流化床机组系统平台，严格按规范巡检程序完成汽轮机高低压旁路系统的巡检工作（提示：上述检查完毕后，应将检查结果记录在有关的记录簿内，对所发现的问题，应通知维修负责人予以消除）。汽轮机高低压旁路系统巡检卡见表 2-13-1。

表 2-13-1　　**汽轮机高低压旁路系统巡检卡**　　年　月　日

时间	低压旁路油站油压正常	低压旁路油站油泵运行正常	低压旁路油站油位	低压旁路油站呼吸器颜色正常	低压旁路油站系统无泄漏	高压旁路油站油压正常	高压旁路油站无渗漏，油泵运行正常	高压旁路油站油位	高压旁路油站呼吸器颜色正常	高低压旁路疏水门开关正常	高低压旁路减温水开关正常	签名
0：00												
2：00												
4：00												
6：00												
8：00												
10：00												
12：00												
14：00												
16：00												
18：00												
20：00												
22：00												

五、评价

根据工作任务的完成情况，对照评价项目和技术标准规范，逐项评价，确定技能水平和改进的要求。汽轮机高低压旁路系统巡检评价表见表 2－13－2。

表 2－13－2　　汽轮机高低压旁路系统巡检评价表

内容		评价	
学习目标	评价项目	个人评价	教师评价
知识目标	掌握高低压旁路系统组成、作用		
	掌握高低压旁路系统的工作流程		
技能目标	检查旁路系统就地阀门		
	检查旁路系统所有设备与管道		
素质目标	沟通能力		
	团队合作能力		
	方法创新能力		
	突发事件处理能力		
改进要求			

六、课后练习

（1）了解汽轮机高低压旁路系统组成、流程、作用。

（2）在仿真系统上练习汽轮机高低压旁路系统的巡检操作。

工作任务十四　汽轮机辅助蒸汽系统巡检

汽轮机辅助蒸汽系统作为机组和全厂的公用汽系统，向有关辅助设备和系统提供辅助蒸汽，以满足机组启动、正常运行、减负荷、甩负荷和停机等各种运行工况的要求。

一、任务描述

辅助蒸汽系统启动前检查与准备内容包括：待投辅助蒸汽系统及与之相关联的系统检修工作结束，安全措施恢复或相关联的系统已经有效隔离，不会误送汽；待投辅助蒸汽系统沿途所有疏水检查开启，启动锅炉或邻机辅助蒸汽系统具备投运条件。辅助蒸汽系统运行中的巡检内容包括：辅助蒸汽压力、温度正常，辅助蒸汽系统沿途各手动、电动疏水门已经关闭、自动疏水器投运正常，辅助蒸汽系统及阀门没有泄漏现场，与投运辅助蒸汽系统关联的备用、检修系统隔离正常。

二、任务分析

（一）启动前检查

1. 辅助蒸汽系统运行方式（以 660MW 超超临界机组为例进行介绍）

（1）正常运行的机组，其辅助蒸汽由四段抽汽供给。

（2）辅助蒸汽联箱的冷段再热供汽作为本机四段抽汽的备用汽源。在机组低负荷运行期间，当四段抽汽压力不能满足辅助蒸汽联箱压力，需要提高压力时投入使用。

（3）1、2 号机组同时运行期间，辅助蒸汽联箱互为备用，应保持 1、2 号机辅助蒸汽联箱1号机侧联络电动门打开，2号机侧的联络电动门关闭，稍开联络管疏水门，保证热备用暖管状态。

(4) 某台机组故障时，应及时打开1、2号机辅助蒸汽联络门，同时关闭故障机组四段抽汽供辅助蒸汽联箱电动门以及联络管疏水门。故障机组恢复正常运行后，应及时将辅助蒸汽汽源倒回本机。

(5) 1、2号机组单台运行期间，应保证启动锅炉在安全备用。

(6) 1、2号机组单台机组运行，备用机组启动时，应采用邻机辅助蒸汽联箱作为启动机组的辅助蒸汽联箱供汽汽源。到达切换压力后，应及时切至本机自带。

(7) 双机停止，有一台机组启动时，辅助蒸汽采用启动锅炉来的启动汽源。

2. 辅助蒸汽系统投入前检查及投入操作

(1) 辅助蒸汽系统所有检修工作结束后，安全措施拆除。与之关联的系统不能投入时已经有效隔离，确保不会误送汽。

(2) 辅助蒸汽联箱各变送器、压力开关、压力控制器、温度表投入。

(3) 打开辅助蒸汽系统供汽管道沿程疏水门，进行管道疏水。

(4) 打开辅助蒸汽联箱疏水门，对辅助蒸汽联箱进行疏水。

(5) 辅助蒸汽联箱投入时如采用启动锅炉作为汽源，应提前将启动锅炉启动。

(6) 检查并确认辅助蒸汽系统各用汽阀门在关闭位置并严密。

(7) 稍开启动蒸汽供汽手动门，保持辅助蒸汽联箱压力0.05～0.1MPa，对蒸汽管道及蒸汽联箱进行暖管。

(8) 确认蒸汽管道及蒸汽联箱彻底疏水后方可关闭疏水门，逐渐开大供汽门直至压力满足需求，在开大供汽门过程中，速度要缓慢，保持启动锅炉的稳定运行。

(9) 根据用汽需要，投入相关用户。

(10) 在机组启动、运行、停机过程中，应始终保持辅助蒸汽系统参数稳定。

(二) 运行中的巡检

(1) 保持辅助蒸汽联箱压力0.8～1.6MPa，温度400℃。

(2) 检查辅助蒸汽系统疏水器动作应正常，检查辅助蒸汽系统无泄漏、管道无振动及水击现象。

(3) 冷段再热蒸汽作为机组四段抽汽的备用汽源期间，应加强对冷段再热蒸汽到辅助蒸汽联箱管段疏水，保持良好的备用状态。冷段再热蒸汽作为辅助蒸汽联箱的备用汽源，必须投入压力自动调节。当辅助蒸汽联箱压力低时应能够自动将调节阀打开。冷段再热蒸汽至辅助蒸汽联箱调节阀开启后，必须严格监视辅助蒸汽联箱内部压力、温度以及自动调节的品质。

(4) 检查轴封系统备用方式正常。

(5) 辅助蒸汽除暖管备用疏水外，其余各疏水门关闭。

三、相关知识

图2-14-1为660MW超超临界机组辅助蒸汽系统图。辅助蒸汽系统主要包括：辅助蒸汽联箱、供汽汽源、用汽支管、减温减压装置、疏水装置、两只弹簧安全阀及其连

资源库 85_辅助蒸汽系统流程

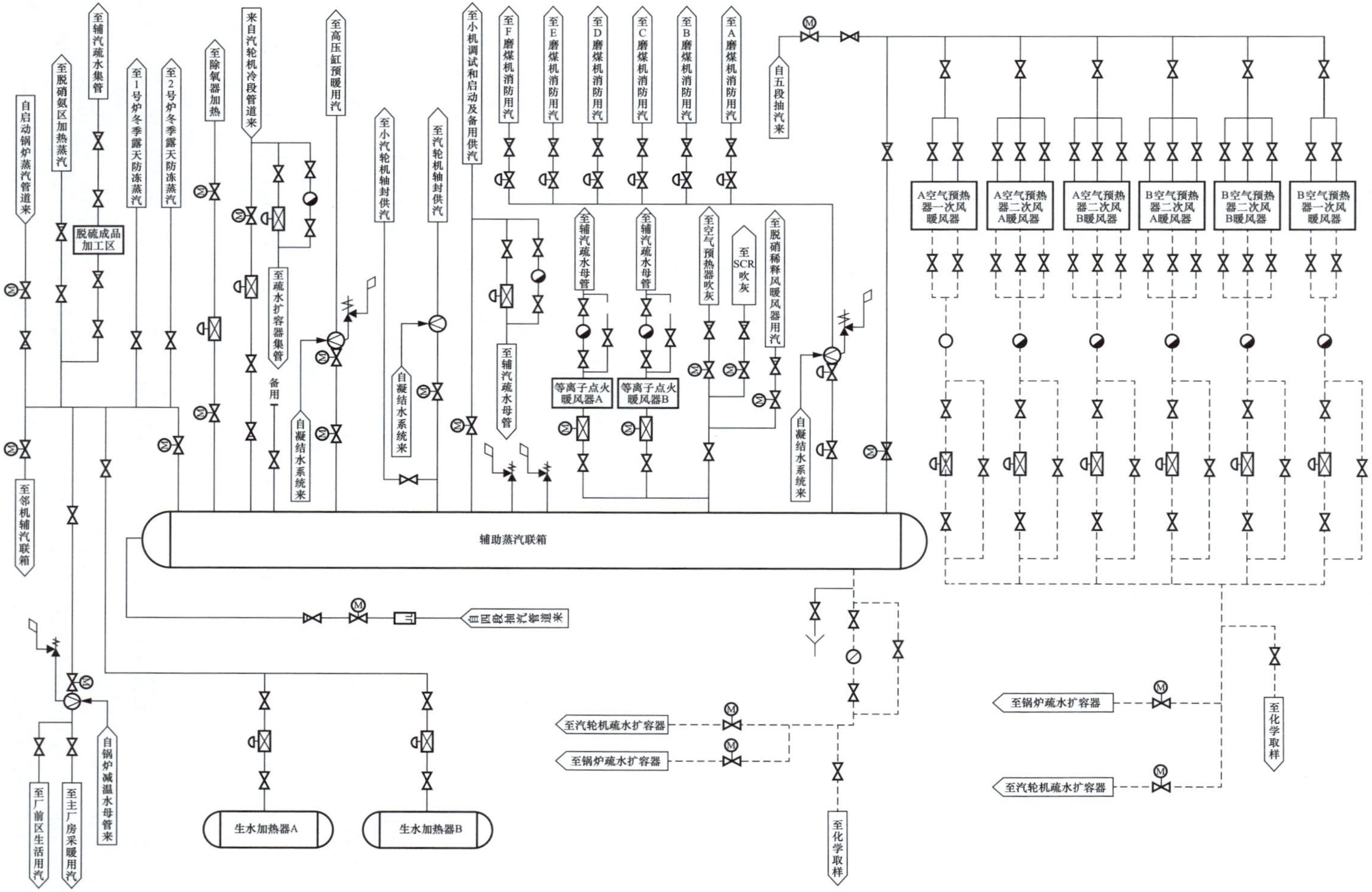

图 2－14－1　660MW 超超临界机组辅助蒸汽系统图

接管道和阀门等。辅助蒸汽联箱是辅助蒸汽系统的核心部件。该机组设置的辅助蒸汽联箱，其设计压力为0.8～1.6MPa，设计温度为411.9℃。

系统设有三只喷水减温器，辅助蒸汽联箱至生水加热器用汽的管道上设一只，辅助蒸汽联箱至磨煤机蒸汽消防用汽管道上设一只，辅助蒸汽联箱至采暖加热站用汽管道上设一只，用于控制辅助蒸汽温度满足各户用要求，减温水来源均为凝结水。

为防止辅助蒸汽联箱超压，系统设有两只安全阀。

（一）辅助蒸汽系统有四个汽源

（1）启动汽源：启动锅炉来汽。

（2）备用汽源Ⅰ：本机再热冷段蒸汽。

（3）备用汽源Ⅱ：邻机来汽。

（4）正常汽源：本机四段抽汽。

（二）系统用户

机组的辅助蒸汽用户有除氧器、主机和小机轴封、小机启动用汽、空气预热器吹灰、磨煤机消防蒸汽以及暖通用汽和生水加热器用汽等。

（三）减温装置

辅助蒸汽系统提供磨煤机消防、生水加热器、暖通采暖加热站、辅助蒸汽供汽调节站用汽时，先流经减温器，将温度降至要求温度范围，以适应用汽要求。喷水减温器的水源来自主凝结水，由凝结水精处理装置后引出。

（四）系统的疏水

为防止辅助蒸汽系统在启动、正常运行及各状态下，管道内积聚凝结水，在辅助蒸汽联箱底部设有疏水点。

四、完成任务

登录660MW超超临界机组或330MW亚临界机组或350MW超临界循环流化床机组或300MW亚临界循环流化床机组系统平台，严格按规范巡检程序完成汽轮机辅助蒸汽系统的巡检工作（提示：上述检查完毕后，应将检查结果记录在有关的记录簿内，对所发现的问题，应通知维修负责人予以消除）。汽轮机辅助蒸汽系统巡检卡见表2-14-1。

表2-14-1　　汽轮机辅助蒸汽系统巡检卡　　　年　月　日

时间	1、2号机辅助蒸汽联络门	辅助蒸汽安全门	辅助蒸汽母管压力/温度	辅助蒸汽联箱压力/温度	辅助蒸汽至炉用户蒸汽手动门	辅助蒸汽至轴封母管供汽手动门	冷再热器至辅助蒸汽供汽手动门	辅助蒸汽母管及相连设备泄漏	辅助蒸汽至暖通供汽电动门	辅助蒸汽联箱各疏水器前后手动门	相关表计一次门	辅助蒸汽系统沿途各疏水门	签名
0:00													
2:00													
4:00													
6:00													
8:00													
10:00													

续表

时间	1、2号机辅助蒸汽联络门	辅助蒸汽安全门	辅助蒸汽母管压力/温度	辅助蒸汽联箱压力/温度	辅助蒸汽至炉用户蒸汽手动门	辅助蒸汽至轴封母管供汽手动门	冷再热器至辅助蒸汽供汽手动门	辅助蒸汽母管及相连设备泄漏	辅助蒸汽至暖通供汽电动门	辅助蒸汽联箱各疏水器前后手动门	相关表计一次门	辅助蒸汽系统沿途各疏水门	签名
12：00													
14：00													
16：00													
18：00													
20：00													
22：00													

五、评价

根据工作任务的完成情况，对照评价项目和技术标准规范，逐项评价，确定技能水平和改进的要求。汽轮机辅助蒸汽系统巡检评价表见表2－14－2。

表2－14－2　　汽轮机辅助蒸汽系统巡检评价表

内容		评价	
学习目标	评价项目	个人评价	教师评价
知识目标	掌握辅助蒸汽系统用户、流程		
	了解辅助蒸汽系统汽源、切换原则		
技能目标	辅助蒸汽系统及附属阀门、设备检查		
	辅助蒸汽系统就地疏水、手动阀门操作		
	了解辅助蒸汽暖管操作		
素质目标	沟通能力		
	团队合作能力		
	方法创新能力		
	突发事件处理能力		
改进要求			

六、课后练习

（1）简述辅助蒸汽系统用户及系统流程。

（2）在仿真系统上练习辅助蒸汽系统的巡检操作。

工作任务十五　空冷设备及系统巡检

空冷系统分为直接空冷系统和间接空冷系统。

直接空冷系统的工艺流程为：汽轮机排汽通过大直径的排汽管道引至室外的空冷凝汽器内，布置在空冷凝汽器下方的轴流冷却风机驱动空气流过冷却器外表面，将排汽冷凝为凝结水，凝结水再经泵送回汽轮机的回热系统。

表面凝汽式间接空冷系统的工艺流程：汽轮机排汽进入凝汽器由凝汽器管束内的冷却水进行表面换热，凝汽器循环水排水由循环水泵打至间冷塔内的空冷散热器，间冷塔冷却水出水再回到凝汽器内做闭式循环。

一、任务描述

空冷系统启动前的检查和准备内容包括：检修工作结束，设备送电；系统阀门状态符合检查卡要求等。运行中的巡检内容包括：转动机械振动、轴承温度正常；冷却扇段没有结冰现象；系统没有泄漏等。

二、任务分析

（一）启动前检查

1. 直接空冷系统启动前检查

（1）按“辅助设备运行通则”完成检查。

（2）各空冷轴流风机连锁保护试验已结束。

（3）水环真空泵连锁保护试验已结束。

（4）真空系统查漏检验合格。

（5）主机真空破坏门开、关试验正常后关闭，抽真空旁路门开启。

（6）检查两台小机凝结水泵出口电动门关闭。

（7）水环式真空泵检查满足启动条件（参见真空系统部分）。

（8）空冷风机检查满足启动条件：

1）空冷风机风筒与风机桥架的连接螺栓应无松动。

2）检查防护网和风机清洁，安全措施已拆除，将所有可能进入风机内的杂物移走。

3）电机外壳接地装置完好。

4）风机叶片检修已调整合格。

5）叶片叶尖与风筒内壁的间隙调整合格。

6）检修人员确认风机叶轮盘动正常。

7）风机减速箱内油位、油质正常，油温小于15℃时，检查电加热自动投入，油温大于25℃，电加热联停。

（9）直接空冷系统分夏季模式启动（环境温度大于5℃）和冬季模式启动（环境温度小于2℃）。以夏季模式为例，先送轴封用真空泵抽真空至30kPa，锅炉点火起压后通过高、低压旁路向空冷岛排汽，当各排散热器下联箱凝结水温度升高达到35℃且凝结水温度与环境温度差大于5℃时，按4－5－3－6－2－7－1－8排的顺序逐渐启动各排2、6列逆流风机启动逆流风机；根据各排散热器下联箱凝结水温度，排按照4－5－3－6－2－7－1－8，列按照4－3－5－1－7的顺序逐个投入对应顺流风机。根据空冷岛进汽量、背压调整变频风机频率，则空冷系统逐步投入正常运行。

2. 间接空冷系统启动前检查

（1）间接冷却循环水泵具备启动条件（参见循环水系统）。

（2）间接冷却塔扇段已疏水完毕投运。

1）启动前的检查与准备：①检查关闭所有扇段的进、出水门；开启所有扇段的疏水门，环境温度高于－10℃；②所有扇段的百叶窗处于关位置；③储水箱的液位达到800mm；④间接冷却塔4～7扇段旁路门全开位置，旁路阀的控制已经投用；⑤启动一台循环水泵，通过旁路门循环。

2）扇段的自动充水（1号扇段为例）：①高位水箱液位控制系统正常。②储水箱达最大液位时，启动预选的充水泵，其出口门（阀门延时2s）打开。③充水泵将水从储水箱抽出，通过回水管、凝汽器，然后回到高位水箱，直到液位达到最大液位时停泵。④关闭1号扇段疏水门，高位水箱达到最大水位时，扇段出水门自动开启10%，延时10s后，开启进水门10%，90s后进出口门全开。⑤在该段的进出水阀达到开位置之后，高位水箱的液位在一定的时间内不再变化，则表明充装水结束，出现“1号扇段投入运行”信号。同时该扇段百叶窗的控制被激活，1号扇段自动充水完毕。⑥其他扇段自动充水同1号扇段。

3）扇段充水后，根据扇段出水温度和环境温度，及时开启百叶窗，冬季控制各扇段出水温度不低于32℃。根据间冷塔出口水温和主机负荷情况，及时投入其他扇段运行，间接冷却系统投入正常运行。

（二）运行中的巡检

1. 直接空冷系统运行中的巡检

（1）冬季监视空冷岛各排两侧下联箱的凝结水过冷度小于6.7℃。

（2）各排抽气口温度与排汽温度偏差均不大于15℃，抽空气管温度大于25℃。

（3）检查空冷岛各排散热器端部小门以及各冷却单元的隔离门在关闭位置。

（4）负荷变化时注意机组背压的监视，风机自动调整背压正常。

（5）检查空冷岛散热器管束有无变形及漏气声音，风机运转平稳，油位在正常刻度范围内，风机防护网无异物，冬季环境温度低时，增加检查次数。

（6）每年入夏前联系检修清洗空冷岛散热器一次。

（7）冬季负荷低时，结合就地实测散热器温度，顺、逆流风机可间歇运行，发现散热器温度低时可通过反转风机进行倒暖。

（8）冬季时因空冷岛补水管道不补水，故该管道必须应有完善的防冻措施。

（9）各空冷风机减速箱油位为正常的1/2，油温小于85℃。

（10）各空冷风机振动小于6mm/s。

2. 间接冷却空冷系统运行中的巡检

（1）间接冷却循环泵保护逻辑如下：

1）循环水泵运行延时30s，出口门关。

2）循环水泵运行，入口门关。

3）间接冷却循环水泵轴振大（驱动端X/Y方向报警与跳闸或非驱动端X/Y方向报警与跳闸）大于0.12mm。

4）间接冷却循环水泵温度保护：泵轴承大于85℃；电机轴承大于95℃。

5）循环水路不通（所有扇区未投入且旁路阀未开）。

6）间接冷却循环水泵出口液控蝶阀油站油压低至13MPa时连锁启动液压油泵，达

16MPa 时联停液压油泵。

（2）注意监视凝汽器循环水进、出口温度、凝汽器背压、储水箱水位、高位水箱水位、间接冷却循环泵出口压力、扇段各阀门状态、扇段出口温度及百叶窗状态、间接冷却塔进水、出水温度、环境温度。

（3）运行间接冷却循环泵电机电流、绕组温度、轴承温度、间接冷却循环泵进、出口压力、液控蝶阀状态的监视。

（4）检查间接冷却循环泵及电机轴承油位、振动、声音，出口蝶阀液压装置油位、油压、油质。扇段、阀门系统有无泄漏，百叶窗开度及百叶窗执行机构的是否正常，氮气系统是否泄漏。

（5）根据季节及机组负荷情况，及时调整循环泵运行方式。

（6）高位水箱就地水位与 DCS 水位应定期核对。

（7）间接冷却塔冷却三角脏污影响换热效果时，应对冷却三角进行水冲洗。

（8）冬季尽可能不进行扇段投退，若须投退尽可能选择在环境温度 2℃以上。

（9）若手动进行分段充、疏水操作时，应严格按程序要求顺序进行。

（10）每班至少要对间接冷却塔百叶窗的开度进行一次校对，发现百叶窗就地开度和画面开度不一致时应及时将百叶窗温度控制解除自动，先手动关闭百叶窗，然后再打开百叶窗，直到画面开度与实际开度一致后投入温度控制自动，必要时应联系检修处理。

（11）每天将各扇段百叶窗同步子回路投入一次，投入前必须确证百叶窗就地开度和画面开度一致，同步子回路投运后检查百叶窗应关闭到 0%，然后再开启到同步子回路投入以前的平均开度。

（12）当百叶窗开关不动或关不到位时，必须立即联系检修处理好以便保证扇区出水温度，防止冷却三角被冻坏。

三、 相关知识

（一）直接空冷机组

直接空冷（air cooled condencer，ACC）系统是指汽轮机的排汽直接用空气来冷凝，空气与蒸汽通过冷却器进行热量交换的系统。

直接空冷系统主要由排汽装置、排汽管、蒸汽分配管、空冷凝汽器、冷却风机、凝结水系统、抽真空系统、保护设备和清洗系统等部分构成。如图 2－15－1 所示，汽轮机排汽送至空冷岛的凝汽器内，冷却风机使空气流过冷却器外表面，将排汽冷凝成水，再经泵送回汽轮机的热力系统。

1. 凝汽器构件

凝汽器由三排翅片管束、蒸汽分配管、管束下联箱、支撑管束的钢架组成。

2. 排汽管道系统

排汽管道系统指低压缸排汽装置出口到与连接各空冷凝汽器的蒸汽分配管之间的管道。

3. 凝结水回收系统

经空冷凝汽器凝结成的水通过凝结水管道收集到排汽装置下的热井中，然后通过凝

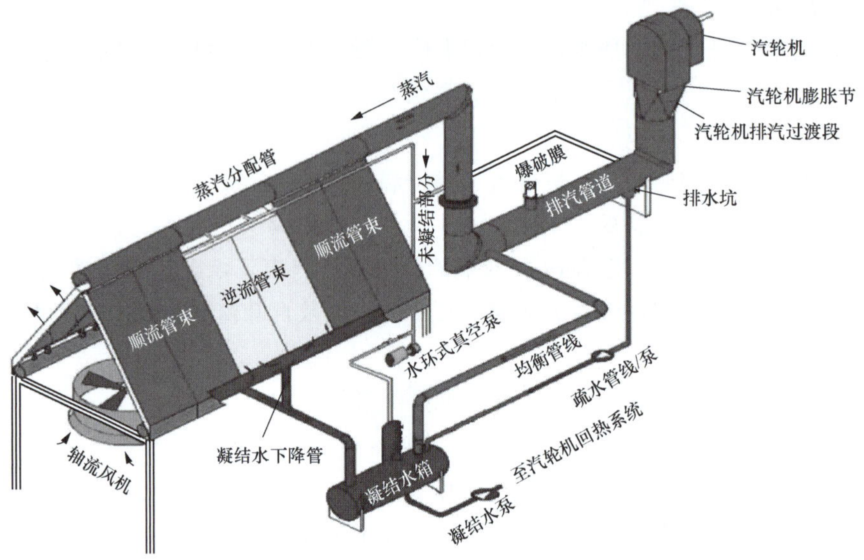

图 2－15－1　直接空冷系统工作示意

结水泵送入汽轮机热力系统。

4. 抽真空系统

该系统由三台 100％的水环式真空泵以及所需的管道阀门等组成，真空泵一用二备，建立和维护机组真空。

5. 空气管道

冷却管束（冷却单元）有其空气通道，以保证冷空气进入及热空气排出。

6. 冷却风机

冷却风机（包括电机减速机风扇叶片变频柜）顺流 24 台，逆流 6 台，采用变频调速技术，转速可在 30％～100％范围内调节。

7. 冷凝管束

冷凝管束单元尺寸 10 700mm×2388mm，顺流 240 个，逆流 60 个。

（二）间接空冷机组

SCAL 型间接空冷系统主要由表面式凝汽器、循环水系统、铝管铝翅片散热器和空冷塔组成，实物图如图 2－15－2 所示。该系统采用自然通风方式冷却，空冷散热器在塔底外围垂直布置。散热器由外表面经过防腐处理的圆形铝管，并套以铝翅片的管束组成的 A 形排列的冷却三角组成。凝汽器内的冷却水为闭式循环的除盐水。由于冷却水水温变化幅度较大，会使系统里的冷却水容积发生较大变化，故在空冷塔内设置有高位膨胀水箱，可对冷却水容积的变化起到补偿作用，以保持系统内的压力稳定。

1. 空冷塔

空冷塔设计成自然通风型，依靠塔内外的空气密度差或自然风力形成的空气对流作用进行通风，在塔的底部形成一定的抽吸力，完成空气的流动过程，主要由通风筒、X 形支柱、通风口、出风口等组成，如图 2－15－3 所示。

图 2-15-2　SCAL 型间接空冷机组实物图

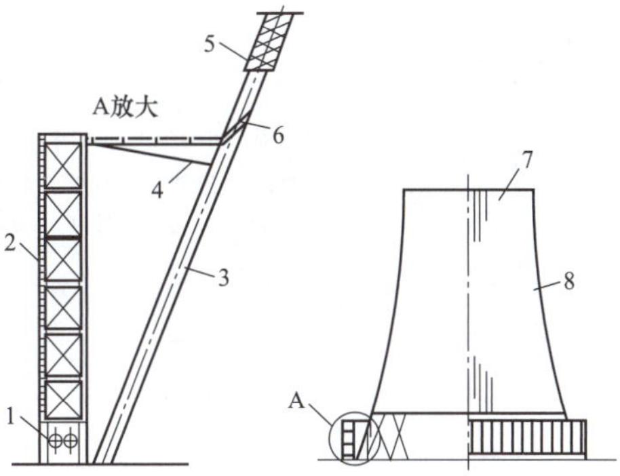

图 2-15-3　空冷塔的组成示意

1—冷却水进/出口；2—散热器；3—X 形支柱；4—托架；5—塔壳；6—封板；7—出风口；8—通风筒；9—通风口

2. 空冷塔排空系统

排空系统的主要功能是将冷却塔内地上部分的冷却系统设备和管道内的冷却水放掉，避免冬天结冰和便于检修。

3. 空冷散热器

空冷散热器用冷空气来冷却循环冷却水，属于表面式换热器，其冷却三角结构如图 2-15-4 所示。

4. 散热器清洗系统

定期清洗散热器表面脏污，清洗装置布置有两种方式，一种布置在散热器的外侧，称为外清洗；另一种布置在散热器的内侧，称为内清洗，其位置及结构如图 2-15-5 所示。

图 2-15-4　空冷散热器冷却三角结构

图 2-15-5　空冷散热器位置及结构

四、 完成任务

登录 660MW 超超临界机组或 350MW 超临界循环流化床机组系统平台，严格按规范巡检程序完成空冷设备的巡检工作（提示：上述检查完毕后，应将检查结果记录在有关的记录簿内，对所发现的问题，应通知维修负责人予以消除）。空冷系统设备巡检表见表 2－15－1。

表 2－15－1　　空冷系统设备巡检表　　年　月　日

时间	储水箱水位	高位水箱水位	间冷循环泵出口压力	间冷塔进水温度	间冷塔出水温度	间冷循环泵电机电流	间冷循环泵电机绕组温度	间冷循环泵电机轴承温度	间冷循环泵进口压力	间冷循环泵出口压力	间冷循环泵轴承油位	出口蝶阀液压装置油位	签名
0：00													
2：00													
4：00													
6：00													
8：00													
10：00													
12：00													
14：00													
16：00													
18：00													
20：00													
22：00													

五、评价

根据工作任务的完成情况，对照评价项目和技术标准规范，逐项评价，确定技能水平和改进的要求。空冷系统设备巡检评价表见表 2－15－2。

表 2－15－2　　空冷系统设备巡检评价表

内容		评价	
学习目标	评价项目	个人评价	教师评价
知识目标	了解空冷设备结构及系统流程		
	掌握空冷设备系统流程		
技能目标	掌握空冷设备及系统启动前的检查项目及标准		
	掌握空冷设备及系统正常运行中的巡检项目、标准		
素质目标	沟通能力		
	团队合作能力		
	方法创新能力		
	突发事件处理能力		
改进要求			

六、课后练习

（1）简述直接空冷系统、间接空冷系统的主要组成、工作原理、工艺流程。

（2）在仿真系统上练习汽轮机空冷系统的巡检操作。

工作领域三　电气设备与厂用电系统巡检

一、发电厂厂用电的概念

发电厂在启动、运转、停役、检修过程中，有大量以电动机拖动的机械设备，用以保证机组的主要设备和输煤、碎煤、除灰、除尘及水处理等辅助设备的正常运行，这些电动机以及全厂的运行、操作、试验、检修、照明等用电设备都属于厂用负荷，总的耗电量，统称为厂用电，这种电厂自用的供电系统称为厂用电系统。

二、电气主接线

（一）电气主接线的概念

在发电厂或变电站中，发电机、变压器、断路器、隔离开关、互感器等高压电气设备，以及将它们连接在一起的高压电缆和母线，按照其功能要求组成的主回路称为电气一次系统，又称为电气主接线。

电气主接线的基本要求如下：

（1）根据发电厂、变电站在电力系统的地位、作用和用户性质，保证必要的供电可靠性。

（2）主接线应力求接线简短、运行灵活与操作方便。

（3）保证运行、维护和检修的安全和方便。

（4）在保证以上几项要求的条件下考虑经济性，即少占土地，尽量减少初投资，节省运行费用。

（5）满足扩建的要求。

（二）电气主接线的基本形式

主接线的基本接线形式：有汇流母线和无汇流母线。

有汇流母线类：单母线接线及单母线分段接线、双母线接线及双母线分段接线、带旁路母线的单母线和双母线接线、一台半断路器接线等。

无汇流母线类：多角形接线、桥形接线、单元接线等。

三、发电厂电气设备

为了满足电力生产和保证电力系统运行的安全稳定性和经济性，在发电厂和变电站中安装了各种电气设备，其主要任务是启停机组、调整负荷、切换设备和线路、监视主要设备的运行状态、发生异常故障时及时处理等。根据电气设备的作用不同，将电气设备分为一次设备和二次设备。

（一）一次设备

（1）生产和转换电能的设备：发电机、变压器、电动机等。

（2）开关电器：断路器、隔离开关、熔断器等。

（3）限流电器：普通电抗器、分裂电抗器等。

（4）载流导体：母线、电缆线等。

（5）补偿设备：电力电容器、静止补偿装置（SVC）、静止无功发生器（SVG）、消弧线圈等。

（6）互感器：电流互感器和电压互感器。

（7）防御过电压设备：避雷器、避雷针和避雷线。

（8）绝缘子。

（9）接地装置。

（二）二次设备

（1）传统的二次设备：测量表计、绝缘检测装置、控制和信号装置、继电保护和自动化装置等。

（2）现代的二次设备：传感器、微机继电保护装置、智能终端、智能仪表等。

四、倒闸操作

资源库86_电气倒闸操作

电气设备由一种状态转换到另一种状态，或改变电气一次系统运行方式所进行的一系列操作，称为倒闸操作。

（一）电气设备的状态

（1）运行状态。电气设备的相关一、二次回路全部接通带电，称为运行状态。

（2）热备用状态。电气设备的热备用状态是指其断路器断开、隔离开关合上时的状态，其特点是断路器一经操作就接通电源。

（3）冷备用状态。电气设备的冷备用状态是指回路中断路器和隔离开关全都断开时的状态。其显著特点是该设备与其他带电部分之间有明显的断开点。设备冷备用根据工作性质分为断路器冷备用与线路冷备用等。

（4）检修状态。电气设备的检修状态是指回路中断路器和隔离开关均已断开，待检修设备两侧装设了保护接地线（或合上了接地开关），装设了遮栏、悬挂了标示牌时的状态。

（二）倒闸操作的主要内容

倒闸操作主要包括以下内容：

（1）拉开或合上某些断路器或隔离开关。

（2）拉开或合上接地隔离开关（拆除或挂上接地线）。

（3）取下或装上某些控制合闸及电压互感器的熔断器。

（4）停用或加用某些继电保护和自动装置及改变定值。

（5）改变变压器、消弧线圈组分接头及检查设备绝缘等。

（三）电气倒闸操作五防

（1）防止误分、误合断路器。

（2）防止带负荷合上或分断隔离开关。

（3）防止带电合上接地隔离开关或挂接地线。

（4）防止带临时接地线或接地隔离开关在合位时操作断路器或隔离开关送电。

（5）防止误入带电间隔。

（四）电气倒闸操作的基本原则和要求

（1）倒闸操作必须执行《电力安全工作规程》的规定。

（2）除紧急操作和事故处理外，一切正常操作均应按规定填写操作票，并严格执行操作监护及复诵制度。

（3）在装设断路器的电路中，拉、合闸均使用断路器，绝对禁止用隔离开关切断负荷电流。

（4）设备检修后、投运前应进行检查和试验。

（5）绝缘电阻不合格的设备不得将其投入运行或列为备用。电气设备不允许在无保护的情况下运行，设备运行方式如有变更，应及时更改继电保护自动装置的运行方式，并保证与一次运行方式相适应，防止保护误动作或拒动。

（6）高低压设备开关发生异常，不能分闸操作时，应采用断开上一级开关的方法进行处理。

（7）厂用电系统倒闸操作，一般应避免在交接班时进行，操作当中不应进行交接班，只有当操作完全终结或告一段落时，方可进行交接班。

（五）进行倒闸操作时应注意的事项

（1）改变后的运行方式应正确、合理及可靠，优先采用运行规程中规定的各种运行方式，使电气设备及继电保护尽可能处在最佳状态运行。

（2）倒闸操作是否会影响继电保护及自动装置的运行。在倒闸操作过程中，如果预料有可能引起某些保护自动装置误动或失去正确配合，要提前采取措施或将其停用。

（3）系统高峰负荷期间、直流设备接地期间以及操作设备所在系统发生交流接地期间，一般不进行操作。

（4）要严格把关，防止误送电，避免发生设备事故及人身触电事故。

工作任务一　发电机及励磁系统设备巡检

发电机是指将其他形式的能源转换成电能的机械设备，它由水轮机、汽轮机、柴油机或其他动力机械驱动，将水流、汽流、燃料燃烧或原子核裂变产生的能量转化为机械能传给发电机，再由发电机转换为电能。目前，水力、火力发电厂的发电机都是同步发电机，风力发电多数是异步发电机。发电机作为发电厂三大主机之一，这是发电厂所有装备中的核心部分。因此，巡检发电机是运行人员非常重要的工作之一。

一、任务描述

发电机及励磁系统设备巡检包括发电机启动前的检查、启动后的检查、正常运行中的巡检和励磁系统运行中的巡检。运行人员应能按照规定定时对发电机及励磁系统进行日常监视，及时发现设备运行中的缺陷，天气突变时应增加巡检次数，并做好事故预想。

二、任务分析

（一）发电机启动前检查

（1）发电机、变压器经大、小修后，必须按要求进行各项电气试验；发电机解体后进行气密性试验且试验合格，试验数据应有书面材料并且符合启动要求。

（2）电气工作结束后，拆除有关短接线、接地线及其他安全措施。

（3）发电机经检修后或停运时间超过 7 天时，启动前必须测量发电机各部分绝缘电阻，绝缘电阻值应符合规定。

（4）确认 6kV A、B 段工作电源进线开关在冷备用状态。

（5）确认发电机大轴接地炭刷已装好，且接触良好、长度合适。

（6）发电机出口 TV 及出口避雷器具备运行条件。

（7）发电机中性点接地变具备运行条件。

（8）发电机封闭母线热风保养装置投运正常。

（9）主变压器、高压厂用变压器（简称高厂变）高低压侧接线完好、本体清洁完好、无漏油现象。

（10）主变压器、高厂变冷却装置正常。

（11）主变压器高压侧避雷器完好，中性点接地良好。

（12）高厂变低压侧接地电阻箱完好，接地电阻接地良好。

（13）主变压器、高厂变就地控制箱完好，关闭严密。

（14）发电机变压器组（简称发变组）出口隔离开关在断开位置。

（15）发变组出口断路器在断开位置，就地控制柜上无报警，操作机构正常，SF_6气体压力正常，弹簧操作机构正常。

（16）发电机励磁变及励磁系统正常无报警，励磁系统具备投运条件。

（17）检查发电机滑环表面应抛光良好，无印痕、锈迹、污物和油渍；刷握螺栓紧固，炭刷固定良好；滑环通风道畅通。

（18）发变组保护、测量、同期、操作控制及信号系统等二次设备完好，功能正常。

（19）全面确认发电机各系统有关设备完好，功能正常，符合启动条件。

（二）发电机启动后的检查

（1）发电机空载无励磁下启动，启动时间应按照汽轮机暖机时间的要求，逐步提高转速并注意检查下列各项：

1）检查轴承润滑及振动是否正常。

2）注意转子轴向窜动情况，旋转部件与静止部件间应无摩擦。

（2）发电机转速到额定值时，应检查发电机和发电机冷却系统是否正常。

（3）升压过程中如出现下列现象应停机检查：

1）三相定子有电流。

2）三相定子电压不平衡。

3）空载励磁电压、励磁电流升至额定值而定子电压明显小于额定值。

4）升压过程中发电机差动保护动作。

5）升压过程中发电机定子接地信号报警。

6）升压过程中发电机内部发出焦味、冒烟。

（三）发电机系统日常运行中的监视

（1）监视发电机各参数与机组负荷相匹配，励磁调节装置参数正常。

（2）监视发电机各部温度正常，无局部过热现象，进出水温、风温正常。

（3）发电机各部振动及声音正常，机壳内氢气压力、纯度、温度正常。

（4）发变组保护投入运行正常，指示灯指示正常。

（5）按时巡检，定时抄录核对有关仪表，若发现异常及时汇报值长并查明原因，采取措施。

（6）积极做好岗位运行分析，加强对各运行参数的分析调整。

（7）严格执行设备定期试验制度，若发现缺陷，应按缺陷管理制度处理，并做好事故预想。

（四）励磁系统运行中的巡检

（1）励磁过励限制器无动作。

（2）励磁低励限制器无动作。

（3）运行调节器的给定值没有达到极限位置。

（4）通道间跟踪平衡，通道切换准备就绪。

（5）DCS 励磁系统画面无异常报警，系统状态显示正常，运行方式为正常运行方式。发电机机端电压、无功功率、励磁电压、励磁电流等参数指示正常，励磁调节屏就地表计指示与 DCS 指示一致，就地控制面板 LCP 信号指示正常，无异常报警。

（6）励磁系统无综合报警信号。

（7）整流柜风机运行正常，无异常声音，入口滤网无堵塞。

（8）各控制柜内无异常噪声，各整流柜 CDP 显示各柜电流平衡，无桥臂熔丝熔断报警，无风机故障报警。

（9）灭磁室内室温正常，各控制柜内无过热现象，空调运行正常。

（10）励磁系统各柜门应保持关闭，不得打开柜门。

三、相关知识

（一）同步发电机

1. 同步发电机的工作原理

同步发电机是根据导体切割磁力线产生感应电动势这一基本原理工作的。因此，同步发电机应具有产生磁力线的磁场和切割该磁场的导体，前者我们称其为转子，后者则为定子（或电枢），定、转子之间有一定的气隙，如图 3-1-1 所示。定子上有 AX、BY、CZ 三相定子绕组，在空间互差 120°电角度对称分布放置于定子铁芯槽中。转子则有一对磁极，上面装有直流励磁的转子绕组，当直流电流通过电刷和滑环流入转子绕组后，产生的磁通由 N 极出来经过气隙、定子铁芯，再经气隙进入 S 极构成主磁路。

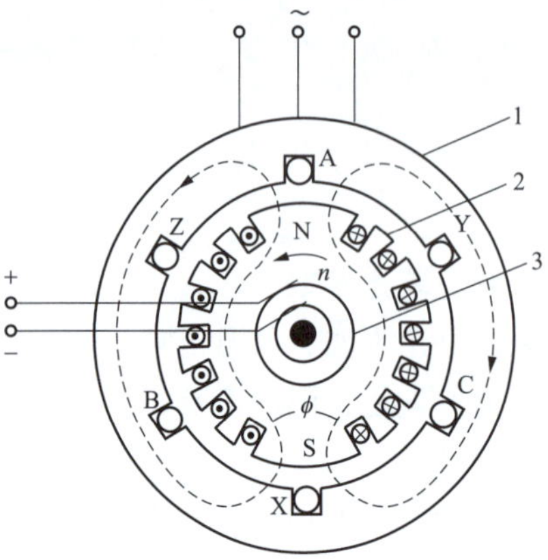

图 3-1-1　同步发电机工作原理
1—定子；2—转子；3—滑环

当发电机的转子由原动机驱动，以转速 n_1（按图 3-1-1 中所示的方向）3000r/min 作恒速旋转时，定子三相绕组的导体依次切割磁力线。于是，定子三相绕组便感应出三相大小相等、相位彼此相差 120°的交流电动势。据图 3-1-1 所示转子的转向，若气隙磁通密度按正弦波分布，则三相绕组感应电动势波形为正弦波，相序为 A→B→C。

（1）主磁场的建立：励磁绕组通以直流励磁电流，建立极性相间的励磁磁场，即建立起主磁场。

（2）载流导体：三相对称的电枢绕组充当功率绕组，成为感应电动势或者感应电流的载体。

（3）切割运动：原动机拖动转子旋转（给电机输入机械能），极性相间的励磁磁场随轴一起旋转并顺次切割定子各相绕组（相当于绕组的导体反向切割励磁磁场）。

（4）交变电动势的产生：由于电枢绕组与主磁场之间的相对切割运动，电枢绕组中将会感应出大小和方向按周期性变化的三相对称交变电动势。通过引出线，即可提供交流电源。

（5）感应电动势有效值：每相感应电动势的有效值为 $E_0=4.44KfW\phi$。

（6）感应电动势频率：感应电动势的频率决定于同步电机的转速 n 和极对数 p，即

$$f=\frac{pn}{60}$$

（7）交变性与对称性：由于旋转磁场极性相间，使得感应电动势的极性交变；由于电枢绕组的对称性，保证了感应电动势的三相对称性。

2. 同步发电机的结构

同步发电机的基本结构是定子和转子两大部件。

资源库 87_汽轮发电机结构

（1）定子。定子由定子铁芯、电枢绕组、机座和端盖等组成。定子铁芯是磁路的一部分，由硅钢片叠装而成。内圆槽安放电枢绕组。定子铁芯沿轴向每隔一段，留有径向通风沟，以利于散热。大型同步发电机定子铁芯由扇形片拼合叠装成定子铁芯。电枢绕组双层叠绕组，由扁铜线绕制成型后，包以绝缘而成。采用实心导线，空心与实心导线组合绕组，加强冷却。

（2）转子。转子由转子铁芯、励磁绕组、阻尼绕组、护环、中心环、滑环和风扇等组成。转子铁芯是磁路的一部分，起固定励磁绕组和阻尼绕组的作用。汽轮发电机转子铁芯由高机械强度和导磁性能好的整块合金钢锻造而成。转子圆周上的大齿，作为发电机的主磁极，其余开口槽部分安放励磁绕组。励磁绕组由扁铜线绕成同心式绕

组。槽内导体靠槽楔压紧，端部用合金钢护环固定。阻尼绕组由铜条和端环焊接而成，是短路绕组，相当于异步机的笼形绕组。在同步发电机中，阻尼绕组起抑制转子机械振荡的作用。

（二）励磁系统

供给同步发电机励磁电流的电源及其附属设备统称为励磁系统。它一般由励磁功率单元和励磁调节器两个主要部分组成。励磁功率单元向同步发电机转子提供励磁电流，而励磁调节器则根据输入信号和给定的调节准则控制励磁功率单元的输出。励磁系统的自动励磁调节器对提高电力系统并联机组的稳定性具有相当大的作用。由励磁调节器、励磁功率单元和发电机本体组成的整个系统称为励磁控制系统。

励磁系统的主要作用如下：

（1）根据发电机负荷的变化，相应地调节励磁电流，以维持机端电压为给定值。

（2）控制并列运行各发电机间无功功率的分配。

（3）提高发电机并列运行的静态稳定性。

（4）提高发电机并列运行的暂态稳定性。

（5）在发电机内部出现故障时，进行灭磁，以减小故障损失程度。

（6）根据运行要求对发电机实行最大励磁限制及最小励磁限制。

四、 完成任务

登录660MW超超临界发电机组或300MW亚临界机组或350MW超临界循环流化床机组或300MW亚临界循环流化床机组系统平台，严格按规范巡检程序完成发电机及励磁系统设备巡检工作。发电机及励磁系统设备巡检卡见表3-1-1。

表3-1-1　　发电机及励磁系统设备巡检卡

名称	炭刷	励磁机	发电机冷却风机	转动部分					发电机冷却进风温度	发电机冷却出风温度	巡检人
				有无窜轴	有无振动	有无异声	照明	温度			
0：00											
2：00											
4：00											
6：00											
8：00											
11：00											
14：00											
16：00											
19：00											
22：00											

五、 评价

根据工作任务的完成情况，对照评价项目和技术标准规范，逐项评价，确定技能水平和改进的要求。发电机及励磁系统设备评价表见表3-1-2。

表 3-1-2　　发电机及励磁系统设备评价表

内容		评价	
学习目标	评价项目	个人评价	教师评价
知识目标	了解发电机的工作原理		
技能目标	简述励磁系统的作用		
	发电机启动前的检查		
	发电机启动后的检查		
	发电机正常运行中的巡检		
素质目标	沟通能力		
	团队合作能力		
	方法创新能力		
	突发事件处理能力		
改进要求			

六、课后练习

（1）简述发电机的工作原理及结构。

（2）简述励磁系统的组成。

（3）简述励磁系统的作用。

（4）在仿真系统上练习发电机及励磁系统及设备的巡检操作。

工作任务二　升压站电气设备巡检

升压站将发电机发出的电能升压后送到高压电网中，是包含变换电压和分配电能的整体系统。主要设备有电力变压器、断路器、隔离开关、接地隔离开关、电流互感器、电压互感器、避雷器、母线等。电力变压器是电力系统中重要的电气设备，起着转换电压的重要作用。主变压器作为升压站系统的核心设备，主要用来升压，目的是减小线路电流，以减小电能的损失。它是全厂电能外送的枢纽，一旦发生事故，轻则导致机组停机、线路跳闸，重则可能造成全厂停电，危及设备、人身和电网安全。

一、任务描述

升压站电气设备巡检包括启动前检查、正常运行中的巡检和特殊情况下巡检，应定期、按时对系统设备进行巡检，及时发现设备缺陷。

二、任务分析

这项任务需要严格按照程序逐项完成，具体检查点如下所述。

（一）主变压器启动前检查

（1）变压器周围及顶盖无杂物，临时安全措施拆除，恢复常设遮栏及警告牌等安全措施，工作票已终结或收回。

（2）变压器本体、套管等部位无渗漏油，各绝缘子、套管清洁，无裂纹及破损。

（3）变压器中性点接地良好。

（4）变压器本体和铁芯接地套管等可靠接地。

（5）变压器各组件的安装符合要求，套管的中间法兰上接地端子可靠接地，呼吸器吸附剂合格，呼吸畅通等。

（6）变压器油枕及充油套管的油色透明，油位、压力正常。

（7）气体继电器，冷却器（散热器）上下联管、油箱管接头处的蝶阀处于开启位置。气体继电器内充满油，内部无气体。

（8）变压器无载调压分接头位置指示正确。

（9）封闭母线升高座下引水管的放水阀打开，升高座中的套管型电流互感器的端子接牢，二次回路严禁开路。端子箱二次接线良好，端子排无积灰等。

（10）变压器温度计指示良好。

（11）各种保护、控制、测量等装置的接线正确、牢固，回路试验正确，冷却器的风扇控制系统完好，运行方式选择正确，风机（包括油泵）运转正常。

（12）压力释放阀隔膜应无动作现象且无破损。

（13）变压器各保护和自动装置投入正确，保护盘指示灯显示正常。

（14）母线、避雷器及断路器等设备正常。

（二）正常运行中的巡检

1. SF_6断路器

（1）开关的分合闸指示正确，并与当时的运行工况相符。

（2）支持绝缘子、断口绝缘子及并联电容瓷套应完整，无破损裂纹及电晕放电现象。

（3）各引线、接线及连接线无过热、变色及松动。

（4）开关储能正常。

（5）控制箱和端子箱关闭严密，箱内温度正常，无结露现象，加热器投切正常。

（6）控制回路完好，机构箱内各电气元部件运行正常。

（7）SF_6压力应在正常范围内，无泄漏现象。

（8）机械部分应无卡涩、变形及松动现象。

（9）防误闭锁投运正常。

2. 隔离开关及母线

（1）支持绝缘子清洁，无破损、裂纹和放电现象。

（2）动静触头接触良好，接触深度适当无过热现象，温度小于70℃。

（3）检查各传动杆完整，销子无脱落。

（4）引线无松动、摆动或烧伤、断股等现象。

（5）均压环应牢固、可靠、平整。

（6）操作机构箱关闭严密，无渗水现象。

（7）防误闭锁投运正常。

3. 电流互感器、电压互感器

（1）油色、油位正常，无漏油、漏气现象。

（2）外部应清洁，无杂物，外壳无裂纹放电现象。

（3）各接头无过热松动现象。

（4）一、二次接线良好，无松动现象。

（5）电流互感器应无异声。

（6）电流互感器、电压互感器绕组和外壳无凝结水珠现象。

（7）接地线应完整，接地良好。

4. 避雷器

（1）瓷套清洁，无裂纹破损及放电现象。

（2）密封良好、接头无松动或过热现象。

（3）接地装置应良好，均压环无松动、锈蚀、歪斜等现象。

（4）本体无异声，动作次数指示应与记录相符。

5. 变压器

（1）变压器的油温、绕组温度指示正常。

（2）变压器油枕和充油套管内油位、油色正常，清洁透明、无杂质。

（3）变压器声音正常，各部位无渗、漏油。

（4）套管外部无裂纹、无油污、无放电痕迹及其他异常现象。

（5）引线接头、电缆、母线应无发热迹象。

（6）各冷却器、风扇、油泵运转正常，油流继电器工作正常。

（7）吸潮器完好，吸附剂干燥、无饱和变色现象，油净化装置正常。

（8）压力释放器、安全气道及防爆膜应完好无损，接地装置完好。

（9）有载调压分接开关的分接位置及电源指示正常。

（10）气体继电器内应充满油、无气体，出口阀门应开启。

（11）冷却器控制箱内各元件无过热现象，所有控制开关位置符合运行要求，无异常报警信号。

（12）各控制箱和二次端子箱柜门应关严，根据季节或天气情况投、退驱潮装置。

（13）变压器防火设备齐全、完备，变压器的消防装置处于完好状态。

（三）特殊情况下的巡检

（1）过负荷运行时，应加强检查母线、引线及接头有无过热的现象。

（2）大风天气，应检查接头引线无摆动和松动，导电体及绝缘瓶无杂物悬挂现象。

（3）大雾雷雨天气，检查绝缘子和套管有无放电、闪络现象。

（4）下雪天气，检查绝缘子、母线、引线的积雪情况，接头的发热情况和冰溜的挂接情况，如积雪过多或结冰严重时应及时汇报。

（5）气温突降时，检查控制箱、操作箱加热器投运情况。

（6）高温天气，开关无过热、相色漆无变色现象。

（7）每周定期熄灯检查，导体及接头无发热，套管、支持绝缘子无放电火花声。

（四）主变压器特殊情况下的巡检

（1）新设备或经过检修、改造的变压器在投运 72h 内。

(2) 变压器过负荷运行或有缺陷时。

(3) 短路故障后，检查有关接头有无变形，有无喷油现象，变压器中性点有无烧伤痕迹。

(4) 大风时，变压器上部引线应无剧烈摆动和松脱现象，顶盖及周围无杂物。

(5) 大雪时，套管及引线端子有无落雪后应立即融化，绝缘子不应出现冰柱。

(6) 大雾及雷雨后，各绝缘子应无放电现象，套管无破裂及烧伤痕迹。

(7) 气温骤变时，应注意油温、油位变化情况，冷却装置的运行情况。

三、 相关知识

(一) 变压器

1. 变压器分类

电力变压器是电力系统中重要的电气设备，起着转换电压的重要作用。

资源库 88_干式变压器

变压器按用途分类：①电力变压器；②互感器（TV、TA）；③试验变压器；④调压变压器；⑤各种小型电源变压器；⑥各种特殊用途变压器，如整流变压器、电炉变压器、焊接变压器、控制变压器等。

按冷却方式分类：①干式（自冷）变压器；②油浸自冷变压器；③油浸风冷或油浸水冷变压器；④强迫油循环风冷或强迫油循环水冷变压器；⑤充气式变压器。

按相数分类：①单相变压器；②三相变压器；③多相变压器。

按绕组结构分类：①单绕组变压器；②双绕组变压器；③三绕组变压器；④多绕组变压器。

按铁芯结构分类：①芯式铁芯变压器；②壳式铁芯变压器；③C 形、T 形及环形铁芯变压器。

按防潮方式分类：①开启式变压器；②密封式变压器；③全密封式变压器。

按调压方式分类：①无载调压变压器；②有载调压变压器。

按中性点绝缘分类：①全绝缘变压器；②半绝缘变压器。

2. 变压器工作原理

变压器是利用电磁感应定律把一种电压等级的交流电能转换成同频率的另一种电压等级的交流电能。

当一次绕组接到交流电源时，绕组中便有交流电流流过，并在铁芯中产生与外加电压频率相同的磁通，这个交变磁通同时交链着一次绕组和二次绕组。一、二次绕组的感应电动势分别表示为

$$e_1=-N_1\frac{\mathrm{d}\varphi}{\mathrm{d}t},e_2=-N_2\frac{\mathrm{d}\varphi}{\mathrm{d}t}$$

则

$$\frac{u_1}{u_2}\approx\frac{e_1}{e_2}=\frac{N_1}{N_2}=k$$

变比 k 表示一、二次绕组的匝数比，也等于一次相绕组的感应电动势与二次相绕组的感应电动势之比。

改变变压器的变比，就能改变输出电压。但应注意，变压器不能改变电能的频率。

3. 变压器结构

油浸式变压器在电力系统使用中最为广泛，三相油浸式电力变压器的基本机构可分为以下几个部分：铁芯、绕组、绝缘套管、油箱及其他附件等。铁芯和绕组是变压器的主要部件，称为器身，器身放在油箱内部。

（1）铁芯。

1）铁芯的材料。采用高磁导率的铁磁材料（0.35～0.5mm 厚的硅钢片）叠成。为了提高磁路的导磁性能，减小铁芯中的磁滞、涡流损耗。变压器用的硅钢片含硅量比较高。硅钢片的两面均涂以绝缘漆，这样可使叠装在一起的硅钢片相互之间绝缘。

2）铁芯的形式。铁芯是变压器的主磁路，电力变压器的铁芯主要采用心式结构。

（2）绕组。

1）绕组由铜或铝导线包绕绝缘纸以后绕制而成。

2）绕组的形式有圆筒式、螺旋式、连续式、纠结式等。为了便于绝缘，低压绕组靠近铁芯柱，高压绕组套在低压绕组外面，两个绕组之间留有油道。

（二）SF_6断路器

资源库 89_高压断路器

触头在 SF_6气体中接通和开断的断路器称为 SF_6断路器。断路器在操作过程中，不能将 SF_6气体排向大气，整个断路器的 SF_6气体应在一个密闭的系统中。SF_6断路器具有很多优点：断口电压高、开断能力强、允许连续开断短路电流次数多、可作频繁操作、开断感性小电流时截流值小等。

SF_6断路器按使用场所可分为户外式和户内式；按总体结构布置可分为绝缘子支持式、落地罐式和手车式（中、高压）。

SF_6气体中电弧的熄灭原理与空气电弧和油中电弧是不同的，它不一定依靠气流（吹弧）等的压力梯度所形成的等熵冷却，主要是利用 SF_6气体的特异的热化学性和强电负性，才使 SF_6气体具有特别强的灭弧能力。供给大量新鲜的 SF_6的中性分子并使之与电弧接触是灭弧的有效方法。这也就是 SF_6断路器灭弧的基本原理。

（三）隔离开关

隔离开关也是发电厂和变电站常用的电器，它需与断路器配套使用。但隔离开关无灭弧装置，不能用来接通和切断负荷电流和短路电流表。隔离开关的主要作用如下：

（1）隔离电源。将需要检修的电气设备与电源隔开，以保证检修工作的安全进行。

（2）倒闸操作。投入备用母线或旁路母线以及改变运行方式时，常用隔离开关配合断路器，协同操作来完成。

（3）分、合小电流。隔离开关具有一定的分、合小电感电流和电容电流的能力。

（四）互感器

1. 电压互感器

电压互感器是一种用途特殊的变压器，其原理与电力变压器类似，但是电力变压器变换电压的目的是输送电能，因此容量很大，一般都是以 kVA 或 MVA 为计算单位；而电压互感器变换电压的目的，主要是用来给测量仪表和继电保护装置供电，用来测量电压、功率和电能。电压互感器一次绕组并接于一次系统。

电压互感器的作用如下：

(1) 将一次回路的高电压转为二次回路的标准低电压（通常为 100V），可使测量仪表和保护装置标准化，使二次设备结构轻巧，价格便宜。

(2) 使二次回路可采用低电压控制电缆，且使屏内布线简单，安装方便，可实现远方控制和测量。

(3) 使二次回路不受一次回路限制，接线灵活，维护、调试方便。

(4) 使二次与一次高压部分隔离，且二次回路可设接地点，确保二次设备和人身安全。

2. 电流互感器

电流互感器是一次回路与二次回路之间的接口，它把处于高电位下的大电流缩小为处于低电位下的小电流（相位不变），向测量仪表、继电保护和自动装置提供一次电流的信息。电流互感器一次侧额定电流是标准化的，二次侧额定电流为 5A（或 1A）。这样不仅使二次回路上的元件与高电压部分在电气方面隔开，保证工作人员和低压电气设备的安全，而且实现了这些元件的标准化和小型化。

电力系统中广泛采用的是电磁式电流互感器（用 TA 表示），它的工作原理与变压器相似，其特点如下：

(1) 一次绕组串联在被测绕组中，匝数很少。一次绕组中的电流完全取决于被测电路中的电流，而与二次侧电流无关。

(2) 二次绕组匝数多，且所串联的仪表或继电器的绕组阻抗很小，因此正常运行时接近于在短路情况下工作。

电流互感器一、二次额定电流之比称为电流互感器的额定变比，可表示为

$$Ki=\frac{I_{N1}}{I_{N2}}\approx\frac{N_2}{N_1}\approx\frac{I_1}{I_2}$$

式中：N_1、N_2为一、二次绕组匝数。

(五) 避雷器

1. 过电压的形成及特点

在电力系统运行中，经常会由于雷击、雷电感应、故障、操作或系统参数配合不当等原因，使电网中的电压升得很高，这种远远超过正常运行电压的电压值称为过电压。按其产生的原因，可分为雷电过电压和内部过电压两大类。

(1) 雷电过电压。由雷电现象所产生的过电压称为雷电过压（也称大气过电压）。它又包括直击雷过电压和感应雷过电压。

(2) 内部过电压。在电力系统中，由于断路器的操作、运行中出现故障、系统参数发生变化等原因，均会引起系统的内部电场能量和磁场能量的转换和传递。在能量的转换、传递过程中就可能使系统内部出现过电压。这种由于系统内部原因的过电压称作内部过电压。按其产生的原因，又可分为工频过电压、操作过电压和谐振过电压。

谐振过电压的危害性既取决于其振幅大小，又取决于持续时间的长短。谐振过电压

可在各种等级的系统中间产生，尤其是在35kV及以下系统中造成的事故较多。可采取装设阻尼电阻、避免空载或轻载运行、避免易形成串联谐振的操作等措施来防止谐振过电压的发生。

2. 避雷针的结构及保护范围

避雷针是用来保护各种建筑物和电气设备免遭直击雷的一种设备。它比被保护的建筑物或电气设备高，具有良好的接地性能。它的作用是使地面的电场发生畸变，将雷电吸引到自己身上，并安全导入地中，从而保护物体免遭雷击。

避雷针由接闪器（针头）、支撑管、引下线和接地体组成。接闪器是一根针状的长1～2m、直径10～25mm的镀锌钢管，支撑管由几段不同长度、直径40～100mm钢管或由角钢制成的四棱锥铁塔组成，引下线为直径不小于8mm的圆钢或截面积不小于200mm^{2}的扁钢，接地体一般可用三根2.5m长的40mm×40mm×4mm的角钢，打入地中并联焊接后再与引下线可靠连接。

3. 避雷线的结构及保护范围

避雷线又称架空地线，是由悬在空中的接地导线、引下线和接地装置组成。避雷线主要用来保护架空输电线，以及某些小型水电站的变电站。避雷线的作用原理和避雷针相同，只是保护范围要小。避雷线一般采用截面不小于35mm^{2}的镀锌钢绞线，架设在输电线之上，经每个杆塔接地，以利于雷电流入地。

4. 避雷器的结构及特点

电力系统除了遭受直击雷过电压的危害外，还要遭受沿线路传播的感应雷过电压以及内部过电压的危害，避雷针和避雷线对后两种过电压不起作用。因此，为了保护电气设备，将过电压限制在允许范围内，采用避雷器达到此目的。

目前使用的避雷器主要有保护间隙、管型避雷器、阀型避雷器和金属氧化物避雷器等，现将各避雷器的结构原理介绍如下：

（1）保护间隙。保护间隙可看成是一种最简单的避雷器，它与被保护电气设备并联，一旦出现危及电气设备的过电压时，保护间隙就会击穿放电，从而使电气设备得到保护。

（2）管型避雷器。管型避雷器实质上是一个具有灭弧能力的保护间隙，主要由内部和外部两个火花间隙及灭弧管组成。内部间隙又叫灭弧间隙，当受到过电压作用时，内外间隙均被击穿，冲击电流经间隙流入大地。过电压消失后，间隙中仍有由工作电压产生的工频电弧电流（称为工频续流）流过。工频续流电弧产生的高温使灭弧管内产气材料（纤维、塑料）分解出大量气体，管内压力升高，气体在高压力作用下以环形电极的开口孔喷出，形成强烈的纵吹作用，从而使工频续流在第一次过零时就被切断。

（3）阀型避雷器。阀型避雷器由装在密封套中的火花间隙和非线性电阻（阀片）串联组成，阀型避雷的火花间隙采用多个平板电极单间隙串联，每单个间隙由上下两个铜片电极中间夹0.5～1.0mm厚的云母垫圈制成。阀型避雷器串联的火花间隙和阀片电阻的数目随着电压的升高而增加。

（4）金属氧化物避雷器。金属氧化物避雷器（MOA）是20世纪70年代发展起来的一种新型过电压保护设备，它由封装在瓷套（或硅橡胶等合成材料护套）内的若干非线性电阻阀片串联组成。其阀片以氧化锌为主要原料，并配以其他金属氧化物，因此又称为氧化锌（ZnO）避雷器。

四、完成任务

登录660MW超超临界发电机组或300MW亚临界机组或350MW超临界循环流化床机组或300MW亚临界循环流化床机组系统仿真平台，严格按规范巡检程序完成升压站电气设备巡检工作。升压站电气设备巡检卡见表3-2-1。

表3-2-1　　升压站电气设备巡检卡

名称	电流互感器	电压互感器	避雷器	SF_6断路器	隔离开关	母线	变压器	巡检人
0:00								
2:00								
4:00								
6:00								
8:00								
11:00								
14:00								
16:00								
19:00								
22:00								

五、评价

根据工作任务的完成情况，对照评价项目和技术标准规范，逐项评价，确定技能水平和改进的要求。升压站电气设备巡检评价表见表3-2-2。

表3-2-2　　升压站电气设备巡检评价表

内容		评价	
学习目标	评价项目	个人评价	教师评价
知识目标	了解升压站电气设备的工作原理		
	了解升压站电气设备的结构		
技能目标	主变压器启动前的检查		
	升压站电气设备正常运行中的巡检		
	升压站电气设备特殊情况下巡检		
	主变压器特殊情况下巡检		
素质目标	沟通能力		
	团队合作能力		
	方法创新能力		
	突发事件处理能力		
改进要求			

六、 课后练习

（1）简述变压器的工作原理及结构。

（2）画出电气主接线形式。

（3）在仿真系统上练习升压站电气设备的巡检操作。

工作任务三　高压厂用电设备巡检

厂用电系统是为火力发电厂辅助设备的动力、控制、调节、照明和设备检修等的用电设备而设置的厂内供电网络和厂用配电装置、厂用电源等所构成的总体。

目前600MW高压厂用电电压多数为6kV和3kV，但是随着机组容量的加大，厂用电系统的规模和主要辅机的容量有较大幅度的提高，会带来高压厂用电系统的短路水平增大和单台最大容量电动机启动困难等诸多问题，高压厂用电的最高电压等级会提高至10kV。本书以高压厂用电采用6kV为例。

一、 任务描述

高低压配电室巡检包括6kV开关投运前的检查、正常运行中的巡检以及配电装置运行和特殊情况下检查，每班要定期对6kV电气设备巡检，发现设备缺陷及时解决。

二、 任务分析

（一）6kV开关

1. 投运前的检查

（1）检查所有工作结束，工作票全部收回，拆除全部临时安全措施，恢复常设遮栏和标示牌。

（2）6kV断路器由开关柜外送电时应检查真空包完好，无破裂现象。

（3）支持绝缘子应清洁、无破损，引线端子无松动。

（4）操作机构清洁，并挂闸牢固，机械杠杆无变形，绝缘拉杆无变形，并且良好无断裂，消弧罩端正无卡涩。

（5）主接头无过热，无烧损现象。

（6）二次插头结合牢固、接触良好。

（7）断路器位置指示器应指示正确。

（8）开关设备的操作机构完好。

（9）各保护自动装置投入正确。

2. 正常运行中的巡检

（1）运行中的开关柜各部清洁，无放电现象和闪络的痕迹。

（2）开关柜各部无过热现象。

（3）开关状态指示正确。

（4）开关柜各部无振动和异声。

（5）配电室无漏水、渗水、地面无积水，室内照明充足。

（6）配电室内温度、湿度符合规定：温度$-15℃\leqslant t\leqslant 40℃$，湿度不大于80%。

（7）消防器材齐全。

（二）配电装置正常运行通则

1. 配电装置的运行规定

（1）空气开关、隔离开关、母线、电流互感器、电压互感器、避雷器等在运行中，其电流、电压值一般不得超过铭牌规定值。

（2）各导电部分的接头在运行中不允许超过70℃，封闭母线的外壳温度不得超过65℃。

（3）任何情况下，电压互感器二次侧不得短路，电流互感器二次侧不得开路。

（4）分、合隔离开关必须在所属开关确已断开的情况下进行，合闸后应随即检查触头接触良好，分闸后查看触头确已断开。

2. 配电装置运行中的一般检查项目

（1）配电装置各部清洁、无杂物，绝缘子、套管无裂纹及闪络痕迹。各部结合面无过热现象。

（2）充油设备油色、油位正常，无渗漏现象。

（3）无放电及其他异常现象。

（4）无冒烟、冒火及焦臭味。

（5）位置指示器指示正确，传动机构完好。

（6）机构箱电加热器按需要投退。

（7）隔离开关各相接触良好，无过热现象。

（8）配电室内无漏水、漏汽、照明充足，各配电箱门关好。

（9）常设遮栏、标示牌完备，设备标识齐全。

3. 配电装置运行中的特殊检查项目

（1）气候异常时，应加强对室外配电装置进行检查。

（2）大风天气应检查各部引线、软线无剧烈摆动和松弛现象，设备上无杂物。

（3）大雪天气应检查导线各结合面落雪不应立即融化，传动机构与绝缘子无冰溜、冻结现象。

（4）浓雾和阴雨天气各部件应无火花及闪络现象，导线各结合面无冒汽现象。

（5）雷雨后各部分无放电痕迹，电缆沟内无积水，并记录避雷器的动作次数。

（6）天气骤冷、骤热时，应检查变压器油枕、充油套管油位和油温的变化情况。

（7）过负荷及事故跳闸后，应检查有关回路各部无过热烧伤、变形、喷油及其他异常现象。

（三）配电装置投运通则

1. 投运前的准备工作

（1）收回所属设备的所有工作票，拆除临时安全措施，恢复常设遮栏和标示牌。

（2）拉开所属回路的所有接地隔离开关，拆除全部接地线。

（3）绝缘电阻符合以下要求：6kV及以上设备，使用2500V绝缘电阻表，其阻值不应低于1MΩ/kV；400V及以下设备，使用500V绝缘电阻表，其阻值不应低于 0.5MΩ。

2. 投运前的检查

新投运或检修后的空气开关、隔离开关、母线、互感器等配电装置在送电前，根据其特点，参照配电装置运行中检查项目及下列项目进行检查：

（1）各部分无杂物，各接头牢固。

（2）隔离开关各相结合面接触良好、闭锁装置完好。

（3）操作机构完好，液压、气压正常。

（4）电流互感器二次接线牢固，无松脱。

（5）记录避雷器动作计数器底码。

（6）检查保护投入应符合规定。

（7）开关传动良好，分合闸试验正常。

三、 相关知识

资源库 90_6kV 母线送电

（一）厂用 6kV 系统运行方式

（1）正常运行方式：6kV 厂用母线 A、B 段从高厂变引出，各段母线厂用电快切装置按照规定在投入位置，备用电源开关位于热备用状态。1 号高压备用变压器保持热备用状态，作为 6kV ⅠA、ⅠB、ⅡA、ⅡB 段的备用电源。

输煤 6kV 段设 6kV 输煤 A 段和 6kV 输煤 B 段，电源分别取自 6kV ⅠA、6kV ⅡA 和 6kV ⅠB、6kV ⅡB 段，均可向 6kV 输煤 A、B 段供电。

（2）非正常运行方式：6kV ⅠA、ⅠB、ⅡA、ⅡB 段中的一段或几段工作电源退出后由 1 号高压备用变压器接带，此时应注意防止 1 号高压备用变压器过负荷。

（二）6kV 厂用电综合保护测控装置

（1）6kV 综合保护装置选用 WDZ－5211、WDZ－5241、WDZ－5232、WDZ－5231 系列产品：该系列厂用电保护测控装置按对象进行设计，集合保护、测控功能与一个装置之中，功能齐全，支持发电厂厂用电所需的保护、测量、监视、控制功能除具有常规的保护功能外还具有以下一些独特的技术和功能：

1）双比率差动保护功能。

2）故障录波功能。

3）电机启动过程中自动记录启动报告。

4）与 FC 回路配合的过流闭锁功能。

5）支持秒脉冲、IRIG－B、485 差分等多种对时方式，对时精确度高，误差在 1ms 以内，且装置可自动识别对时方式。

（2）WDZ－5241 低压厂用变压器保护测控装置：具有差动速段保护、二次谐波制动原理比率差动保护、高压侧三段过流保护、高压侧两段负序过流保护、高压侧接地保护、过负荷报警、低压侧接地保护、FC 回路配合的过流闭锁功能、三路非电量保护、独立的操作回路及故障录波功能。

（3）WDZ－5242 低压变压器保护测控装置：具有高压侧三段过流保护、高压侧两段定时限保护、高压侧接地保护、低压侧接地保护、过负荷报警、过负荷报警、FC 回路配合的过流闭锁功能、非电量保护及故障录波功能。

（4）WDZ－5211 线路保护测控装置：具有三段过流保护、二段零序过流保护、过负荷保护、三相一次重合闸、合闸后加速、FC 回路配合的电流闭锁功能、独立的操作回路功能。

（5）WDZ－5232 电动机保护装置：具有短路保护、三段定时限过流保护、两段负序过流保护、过负荷保护、过热保护、接地保护、低电压保护、三路非电量保护、独立的操作回路及故障录波功能。

（6）WDZ－5231 电动机保护装置：具有电流纵差保护、三段式定时限过电流保护、不平衡保护、过热保护、接地保护、过负荷保护、低电压保护、独立的操作回路及故障录波功能。

四、完成任务

登录 660MW 超超临界发电机组或 300MW 亚临界机组或 350MW 超临界循环流化床机组或 300MW 亚临界循环流化床机组系统仿真平台，严格按规范巡检程序完成 6kV 电气设备的巡检工作。6kV 电气设备巡检卡见表 3－3－1。

表 3－3－1　　6kV 电气设备巡检卡

时间	6kV ⅠA 段	6kV ⅠB 段	6kV ⅡA 段	6kV ⅡB 段	6kV 输煤 A 段	6kV 输煤 B 段	巡检人
0：00							
2：00							
4：00							
6：00							
8：00							
11：00							
14：00							
16：00							
19：00							
22：00							

五、评价

根据工作任务的完成情况，对照评价项目和技术标准规范，逐项评价，确定技能水平和改进的要求。6kV 电气设备巡检评价表见表 3－3－2。

表 3－3－2　　6kV 电气设备巡检评价表

内容		评价	
学习目标	评价项目	个人评价	教师评价
知识目标	了解 6kV 系统工作方式		
	掌握 6kV 系统接线图		
技能目标	6kV 开关投运前检查		
	6kV 开关正常运行中的巡检		

续表

内　　容		评　　价	
学习目标	评　价　项　目	个人评价	教师评价
素质目标	沟通能力		
	团队合作能力		
	方法创新能力		
	突发事件处理能力		
改进要求			

六、课后练习

（1）简述 6kV 系统工作方式以及高压开关投运前检查内容。

（2）在仿真系统上练习 6kV 电气设备的巡检操作。

工作任务四　低压厂用电系统巡检

低压厂用电系统主要为厂用电设备配送电能。低压厂用电系统主要有 380V 开关柜、低压厂用变压器、380V 电压互感器、380V 电流互感器等设备。

一、任务描述

低压厂用电系统包括 380V 开关投运前的检查以及正常运行中的巡检，每班要定期对高低压配电室进行巡检，发现设备缺陷及时解决。

二、任务分析

1. 380V 开关投运前的检查

（1）检查检修工作结束，工作票终结或已收回。

（2）测量待投运系统设备的绝缘电阻符合要求。

（3）系统设备各部清洁，无明显的接地、短路现象。

（4）各空气开关、隔离开关的触头完好，无松动和脱落。

（5）配电盘、配电柜的接地良好。

（6）开关设备的操作机构完好，传动试验良好。

（7）各保护投入正确。

2. 380V 开关运行中的巡检

（1）运行中的开关柜各部件清洁，无放电现象和闪络的痕迹。

（2）开关柜各部件无过热、振动、异声等现象。

（3）开关状态指示正确。

（4）配电室无漏水、渗水、地面无积水，室内照明充足。

（5）配电室内温度、湿度符合规定：温度 $-15℃ \leqslant t \leqslant 40℃$，湿度不大于 80%。

（6）消防器材齐全。

资源库 91_厂用电系统

三、相关知识

（一）厂用 380V 系统运行方式

1. 正常运行方式

（1）1A、1B 汽轮机变分别带汽轮机 PCⅠA、PCⅠB 段，两段母线互为备用。

（2）1A、1B 锅炉变分别带锅炉 PCⅠA、PCⅠB 段，两段母线互为备用。

（3）1 号、2 号照明变分别带照明 PCⅠ、PCⅡ段，检修段作为照明 PCⅠ、PCⅡ段备用电源。

（4）1 号、2 号输煤变分别带输煤 PCⅠ、PCⅡ段，两段母线互为备用。

（5）保安 PCⅠA、ⅠB 段电源均由锅炉 PCⅠA、PCⅠB 段取两路电源，正常一路运行一路备用，柴油发电机为 PCⅠA、PCⅠB 保安段事故备用；1A、1B 除尘变分别带除尘 PCⅠA、PCⅠB 段，两段母线互为备用。

2. 非正常运行方式

（1）汽轮机 PCⅠA、PCⅠB 段同时由 1 号 A 汽轮机变或 1 号 B 汽轮机变带。

（2）锅炉 PCⅠA、PCⅠB 段同时由 1 号 A 锅炉变或 1 号 B 锅炉变带。

（3）保安 PCⅠA、PCⅠB 段由 1 号机柴油发电机带。

（4）除尘 PCⅠA、PCⅠB 段由 1 号 A 除尘变或 1 号 B 电除尘变带。

（二）380V 厂用电保护装置

1. 概述

（1）母线保护测控装置具有：过流Ⅰ、Ⅱ、Ⅲ段保护、过负荷保护、接地保护、后加速等保护功能。

（2）380V 电动机保护采用南京东大金智电气自动化有限公司 LPC1－510、LPC1－530 系列综合保护测控装置。该装置具有速断保护、负序Ⅰ段、Ⅱ段保护、接地保护、过热保护、过热禁止再启动保护、长启动保护、堵转保护、正序过流保护、过负荷保护、欠压保护、断线告警等保护功能。

资源库 92_400V 开关柜

2. 综合保护测控装置投运和停运

（1）投运前检查：

1）检查二次回路上所有工作全部结束，工作票已收回，并有检修试验人员进行书面交底。

2）检查保护测控装置外观清洁完好，柜内无水珠或水蒸气，各插件插好并用螺丝紧固。

3）检查保护测控装置端子排接线牢固。

4）检查保护测控装置定值与最新定值通知单一致。

5）检查保护测控装置各指示灯、开关、按钮完好，并与所处状态相符。

（2）保护的投入和退出：

1）单个保护的投入和退出通过设置装置的软键盘进行。

2）保护装置整套投入或退出时，要求断开装置的电源开关。

（3）运行监视和维护：

1）检查保护测控装置外观清洁完好，柜内无水珠。

2）检查保护测控装置内无异声、过热、振动和异味。

3）检查各插件插好并用螺丝紧固。

4）检查端子排接线牢固，无开路和放电现象。

5）DCS 画面无“综合保护装置故障”报警。

6）检查周围环境是否有强电磁干扰源、温度、湿度是否符合要求。

四、完成任务

登录 660MW 超超临界发电机组或 300MW 亚临界机组或 350MW 超临界循环流化床机组或 300MW 亚临界循环流化床机组或 50MW 循环流化床热电联产机组系统仿真平台，严格按规范巡检程序完成低压厂用电系统的巡检工作。低压厂用电系统巡检卡见表 3－4－1。

表 3－4－1　　低压厂用电系统巡检卡

名称	汽轮机 PCIA/IB 段	锅炉 PCIA/IB 段	保安 PCIA/IB 段	输煤 PCIA/IB 段	除尘 PCIA/IB 段	巡检人
0：00						
2：00						
4：00						
6：00						
8：00						
10：00						
12：00						
14：00						
16：00						
18：00						
20：00						
22：00						

五、评价

根据工作任务的完成情况，对照评价项目和技术标准规范，逐项评价，确定技能水平和改进的要求。低压厂用电系统巡检评价表见表 3－4－2。

表 3－4－2　　低压厂用电系统巡检评价表

内容		评价	
学习目标	评价项目	个人评价	教师评价
知识目标	掌握低压厂用电系统的工作方式		
	了解 380V 系统的接线方式		
技能目标	380V 开关投运前检查		
	380V 正常运行中的巡检		

续表

内　　容		评　　价	
学习目标	评　价　项　目	个人评价	教师评价
素质目标	沟通能力		
	团队合作能力		
	方法创新能力		
	突发事件处理能力		
改进要求			

六、课后练习

（1）简述厂用 380V 系统运行方式及低压开关投运前检查内容。

（2）简述 380V 厂用电保护装置。

（3）在仿真系统上练习低压厂用电系统的巡检操作。

工作任务五　直流、UPS 及事故保安系统巡检

直流系统是发电厂的重要组成部分，它的主要任务就是给继电保护装置、断路器操作、各类信号回路提供电源。直流系统的正常运行关系到继电保护及断路器能否正确动作，会影响电厂乃至整个电网的安全运行。发电厂的交流不停电电源系统（UPS）一般采用单相或三相正弦波输出，为机组的计算机控制系统、数据采集系统、重要机/电/炉保护系统、测量仪表及重要电磁阀等负荷提供与系统隔离防止干扰的、可靠的不停电交流电源。为了保证机组在发生厂用电失去时，能安全停机，装设快速柴油发电机组作为交流事故保安电源。

一、任务描述

直流系统巡检包括启动前检查和正常运行中的巡检；UPS 巡检包括 UPS 开机前检查和 UPS 运行中的巡检；事故保安系统巡检包括柴油发电机组日常运行中的巡检。每班要对直流系统做定期检查，做好记录。

二、任务分析

（一）直流系统启动前检查

（1）检查各连线应无错误。

（2）检查设备绝缘应良好，直流母线用 500V 绝缘电阻表测量绝缘值不低于 50MΩ，分支负荷用 500V 绝缘电阻表测量绝缘值不低于 0.5MΩ。

（3）新投产或检修后应检查充电柜输出极性与蓄电池极性应相同。

（4）检查交流输入电源正常。

（5）检查充电柜的交流输入开关和直流输出开关在断开位置。

（6）检查充电柜内各元件完好，无异味、杂物，外壳接地牢固，盘面上的表针、指示灯、旋钮、按钮、选择开关完好。

（7）各熔断器完好，熔丝无熔断。

（二）直流系统正常运行中的巡检

1. 对整流装置的巡检

（1）设备各部分完好无损，盘内清洁、无杂物、无异味。

（2）两路交流电源电压正常，交流输入电压平衡无缺相，运行指示灯指示正确，无保护动作和电源模块故障信号。

（3）电源模块各部件无过热、振动、噪声、异声，风扇运行正常。

（4）旋转选择开关位置正确，隔离开关等接触良好。

（5）交流输入电压值、直流输出电压值、直流输出电流值等各表计显示正确，蓄电池浮充电流正常。

（6）正对地和负对地的绝缘状态良好，无异常报警，各馈线开关状态正确，无跳闸报警。

（7）整流装置、蓄电池输出熔丝无熔断，监控模块电源熔丝无熔断。

（8）配电盘柜阀关好。

2. 对蓄电池的巡检

（1）蓄电池室内应保持清洁，电池及台架无污垢，室温保持在 25℃为宜。

（2）蓄电池室内照明、通风良好，无酸味。

（3）各蓄电池无发热和大量冒气现象。

（4）严禁烟火靠近蓄电池室，易燃物品不得携入蓄电池室内。

（5）蓄电池室的阀窗应关好，应无漏水、进水现象。

（6）电池外部完整，无破裂、无杂物，各接头连接牢固，无松动、腐蚀、发热现象。

（7）极板无弯曲、膨胀、裂开和短路现象，出线桩头无腐蚀。

（三）UPS 开机前检查

（1）检查所有开关和断路器全部在断开位置，系统各处连接紧固。

（2）首次投运前及检修后，应用 500V 绝缘电阻表测系统绝缘电阻不小于 0.5MΩ。

（3）检查输入电压在额定输入电压范围。

（4）检查输入频率在额定输入频率范围。

（5）检查输入电源相序正确。

（6）检查 UPS 柜内无杂物。

（四）UPS 运行中的巡检

（1）各指示灯、表计正确，各参数均在正常范围内。

（2）整流器、逆变器、稳压柜运行正常。

（3）各部件无异常振动及过热现象，风机运转正常。

（4）无异常报警信号指示。

（5）UPS 周围无杂物；室内温度正常，通风良好。

（五）事故保安系统柴油发电机组日常检查和维护

（1）柴油机房无遗留杂物，现场清洁，机组无油污、污水。

（2）检查柴油机润滑油油位正常，油质合格。

（3）将燃油日用油箱注油至油位上限位置，检查系统无漏油现象。

（4）检查机组冷却水水箱水位正常，系统无漏水现象。

（5）检查空气滤清器是否清洁，检查湿式空气滤清器油盘油位是否正常。

（6）充电装置浮充运行正常，蓄电池电压在 24V 左右。

（7）柴油机启动方式选择开关在“AUTO”位置。

（8）柴油机“PB”紧急停机按钮在拉出位置。

（9）检查机组控制屏及就地各表计指示正常，无任何光字牌异常报警信号。

三、相关知识

（一）直流系统的组成

直流系统整套电源装置由交流电源、充电模块、直流馈电、绝缘监测单元、集中监控单元部分组成。

资源库 93_直流及保安系统投入

1. 充电模块

目前在国内市场上应用的充电电源主要有旋转直流充电机、晶闸管整流器和高频开关充电电源三类。

2. 直流馈电单元

直流馈电单元是将直流电源通过负荷开关送至各用电设备的配电单元，各回路所用负荷开关为专用直流开关，分断能力均在 6kA 以上，保证在直流负荷侧故障时可靠分断，容量与上下级开关相匹配，以保证选择性。

资源库 94_直流系统控制柜

3. 绝缘监测单元

绝缘监测单元用于监测直流系统电压及绝缘情况，在直流电压过、欠或直流系统绝缘强度降低等异常情况下发出声光报警，并将对应告警信息发至集中监控器。用于主分屏直流系统时，装置可设为主机或分机。

装置采用非平衡电桥原理，实时监测正负直流母线的对地电压和绝缘电阻。当正负直流母线的对地绝缘电阻低于设定的报警值时，自动启动支路巡检功能。

4. 监控单元

集中监控器通过分散控制方式，对直流系统充电模块、绝缘监测模块、电池组、母线、配电等进行实时监控，并与上位机通信，实现直流系统的“四遥”功能。

（二）直流系统的运行方式

主厂房 110V 直流系统每台机采用两组蓄电池，每台机组两电三充，每组蓄电池 52 只，每组蓄电池容量为 800Ah，单母线接线，两段母线之间设联络开关。

主厂房 220V 直流系统采用每台机一组蓄电池，共两电三充，每组蓄电池 104 只，每组蓄电池容量为 2000Ah，系统采用单母线接线，两台机的两段母线之间设联络开关。

蓄电池均采用阀控密封铅酸蓄电池，蓄电池组正常以浮充方式运行。

充电装置采用微机型高频开关电源，充电装置由微机监控器、模块控制器和智能充电模块组成。模块可带电插拔，任意一个模块退出运行均不影响系统的正常运行。控制方式有自动（微机监控单元）和手动两套独立单元，当自动控制单元故障或检修时，转入手动控制。充电装置具有手动充电、自动均衡充电、浮充电、均充及浮充电流的设置、均充及浮充电压的设置等功能。

（三）UPS 的工作过程

UPS 的正常运行方式为主回路带负荷（即交流输入→整流器→逆变器→静态开关→负荷）。其中直流输入为第一备用，旁路电源为第二备用。

具体工作过程：当整流器的主输入三相交流电源故障（如断电、缺相、短路故障等）或整流器本身故障时，220V 直流电源自动投入带逆变器工作，不中断逆变器的直流输入。因整流器输出与直流电源并联，且整流器输出电压整定在 240V 左右，而 220V 直流电源的正常运行电压一般为 230V 左右，为了防止正常情况下整流器向 220V 直流系统倒送电，所以在直流电源侧加了一个闭锁二极管。这样，整流器切至直流电源输入的条件就是整流器输出电压降低到闭锁二极管导通［240V（DC）降至 230V（DC）以下］。若整流器主输入交流电源恢复，整流器将自动启动，220V 直流电源将随闭锁二极管的关断而自动退出运行。整流器控制板中有电源故障监视功能，若其主输入交流电源有故障，则整流器会拒绝启动，排除故障后才能启动整流器。

（四）UPS 的组成

UPS 包括电源输入、输入滤波板及保护电路、整流器、逆变器、静态开关、手动旁路开关、隔离变压器、输出开关、闭锁二极管、交流配电屏等。

1. 整流器

整流器由隔离变压器、晶闸管整流元件、输出滤波器和相应的控制板组成。该整流器为六脉冲三相桥式全控整流器，其原理为：通过触发信号控制晶闸管的触发控制角来调节平均直流电压。输出直流电压经整流器电压控制板所检测，并将测量电压和给定值进行比较产生触发脉冲，该触发脉冲用于控制晶闸管导通角维持整流器输出电压在负荷变动的整个范围内保持在容许偏差之内。

2. 逆变器

逆变器由逆变转换电路、滤波和稳压电路、同步板、振荡板部分组成。功能：把直流电变换成稳压的符合标准的正弦波交流电，并具有过载、欠压保护。

3. 旁路变压器

旁路变压器由隔离变压器和调压变压器串联组成。隔离变压器的作用是防止外部高次谐波进入 UPS。调压变压器的作用是把保安段来的交流电压自动调整在规定范围内。调压变压器由单相调压变压器、单相补偿变压器、传动机构、电刷接触系统、控制系统和箱体等组成。

（五）UPS 运行方式

（1）正常运行 UPS 由 380V 厂用交流电源经整流器、逆变器和静态开关向负荷供电。

（2）当 380V 交流电源失电或 UPS 整流器故障时则由机组蓄电池经逆变器和静态开关向负荷供电。

（3）当逆变器故障或过负荷或无输出时，由静态开关切换到旁路不间断地向负荷供电。

（4）当静态开关退出运行时，由手动旁路开关供电。

（六）事故保安系统概述

（1）机组设置一台快速启动的集装箱型柴油发电机组作为本单元机组的事故保安电源，其容量一般为 P_e＝1240～1550kW，功率因数一般为 $\cos\varphi$＝0.8 左右。柴油发电机采用三机同轴、无刷、自励加永磁机励磁系统，中性点直接接地。

（2）柴油发电机一般在接到启动指令后在 10s 内自启动成功，在 60s 内实现一个自启动循环（即三次自启动）。若自启动连续三次失败，则发出停机信号，并闭锁自启动回路。

（3）柴油发电机组的启动方式为 24V（DC）电启动，电启动方式的电源采用全密封免维护阀控铅酸蓄电池。蓄电池的浮充装置具备小电源浮充和快速充电的两种自动充电功能。蓄电池的容量一般能满足连续启动 15 次的用电量要求。

（4）柴油发电机组的通风方式以轴向通风方式为主，柴油机冷却方式采用闭式循环水冷却，一次水冷，二次采用散热器风冷，不需外供水源。

（5）柴油发电机组连接到机组保安 A、B 段。

（七）柴油发电机工作方式

（1）柴油发电机本体设有运行方式选择开关，有三个位置，即“AUTO 自动”“RUN 运行”“OFF 停止”。

（2）自动方式：自动方式为正常运行方式，运行方式选择开关在“自动”位置，则表示柴油发电机组投入自动启动状态，可以接受远方 DCS 启动。

（3）就地手动启动方式：就地运行方式选择开关在“运行”位置，表示柴油发电机组为就地启动方式，柴油发电机就地手动启动。

（4）就地手动停止方式：就地运行方式选择开关在“停止”位置，表示柴油发电机组为就地停止方式，柴油发电机就地手动停止。

四、完成任务

登录 660MW 超超临界发电机组或 300MW 亚临界机组或 350MW 超临界循环流化床机组或 300MW 亚临界循环流化床机组或 50MW 循环流化床热电联产机组系统仿真平台，严格按规范巡检程序完成直流系统、UPS 和事故保安系统的巡检工作。直流系统巡检卡见表 3-5-1，UPS 巡检卡见表 3-5-2，事故保安系统巡检卡见表 3-5-3。

表 3-5-1　　直流系统巡检卡

时间	220V 直流系统				110V 直流系统				巡检人
	直流系统电压	充电柜	绝缘监察装置	蓄电池	直流系统电压	充电柜	绝缘监察装置	蓄电池	
0:00									
2:00									
4:00									
6:00									
8:00									

续表

时间	220V 直流系统				110V 直流系统				巡检人
	直流系统电压	充电柜	绝缘监察装置	蓄电池	直流系统电压	充电柜	绝缘监察装置	蓄电池	
11：00									
14：00									
16：00									
19：00									
22：00									

表 3－5－2　　　　UPS　巡　检　卡

名称	UPS 输入电压	UPS 输出电压	UPS 输出频率	UPS 室					巡检人
				有无漏电	有无漏液	有无异味异声	照明	温度	
0：00									
2：00									
4：00									
6：00									
8：00									
11：00									
14：00									
16：00									
19：00									
22：00									

表 3－5－3　　　　事故保安系统巡检卡

名称	柴发油位	柴发油质	蓄电池电压	冷却水系统	设备外观完好	周围无杂物	巡检人
0：00							
2：00							
4：00							
6：00							
8：00							
11：00							
14：00							
16：00							
19：00							
22：00							

五、评价

根据工作任务的完成情况，对照评价项目和技术标准规范，逐项评价，确定技能水平和改进的要求。直流系统巡检评价表见表 3-5-4，UPS 巡检评价表见表 3-5-5，事故保安系统巡检评价表见表 3-5-6。

表 3-5-4　　直流系统巡检评价表

内容		评价	
学习目标	评价项目	个人评价	教师评价
知识目标	了解直流系统组成		
	了解直流系统各个设备的运行方式		
技能目标	直流系统启动前检查		
	直流系统正常运行中的巡检		
素质目标	沟通能力		
	团队合作能力		
	方法创新能力		
	突发事件处理能力		
改进要求			

表 3-5-5　　UPS 巡检评价表

内容		评价	
学习目标	评价项目	个人评价	教师评价
知识目标	了解 UPS 组成		
	了解 UPS 各个设备的运行方式		
技能目标	UPS 开机前系统检查		
	UPS 正常运行中的巡检		
素质目标	沟通能力		
	团队合作能力		
	方法创新能力		
	突发事件处理能力		
改进要求			

表 3-5-6　　事故保安系统巡检评价表

内容		评价	
学习目标	评价项目	个人评价	教师评价
知识目标	简述柴油发电机的工作方式		
技能目标	事故保安系统巡检		
素质目标	沟通能力		
	团队合作能力		
	方法创新能力		
	突发事件处理能力		
改进要求			

六、 课后练习

(1) 简述直流系统的运行方式以及直流系统的组成。

(2) 利用仿真平台训练直流系统的巡检操作。

(3) 简述 UPS 的运行方式以及 UPS 的组成。

(4) 利用仿真平台训练 UPS 的巡检操作。

(5) 简述柴油发电机的工作方式。

(6) 在仿真系统上练习事故保安系统的巡检操作。

参 考 文 献

[1] 卢洪波，刘洪宪，赵星海，等. 电厂热力系统及设备. 北京：中国电力出版社，2016.
[2] 尹静，谢新，林祥，等. 火电机组集控运行. 北京：中国电力出版社，2016.
[3] 杨建华，王玉召，屈卫东，等. 循环流化床锅炉设备与运行. 3版. 北京：中国电力出版社，2014.
[4] 杨小琨，杨作梁. 火电厂热力设备及系统. 北京：中国电力出版社，2010.